普通高等教育机械类专业教材

工程机械使用与维护

鲁冬林　主　编
柏林元　王　清　副主编

人民交通出版社股份有限公司
北　京

内 容 提 要

本书为普通高等教育机械类专业教材之一。本书共分6章，第1章介绍工程机械的基础知识，第2~6章介绍典型工程机械驾驶、作业、维护和常见故障排除，包括推土机、挖掘机、装载机、平地机、压路机。

本书适用于高等教育机械工程专业教学，也可供相关专业师生参考使用。

图书在版编目(CIP)数据

工程机械使用与维护/鲁冬林主编. —北京：人民交通出版社股份有限公司, 2023.2 (2024.11重印)
ISBN 978-7-114-18389-8

Ⅰ.①工… Ⅱ.①鲁… Ⅲ.①工程机械—教材 Ⅳ.①TU6

中国版本图书馆 CIP 数据核字(2022)第 252230 号

Gongcheng Jixie Shiyong yu Weihu

书　　名：	工程机械使用与维护
著 作 者：	鲁冬林
责任编辑：	郭　跃
责任校对：	赵媛媛　魏佳宁
责任印制：	刘高彤
出版发行：	人民交通出版社股份有限公司
地　　址：	(100011)北京市朝阳区安定门外外馆斜街3号
网　　址：	http://www.ccpcl.com.cn
销售电话：	(010)85285911
总 经 销：	人民交通出版社股份有限公司发行部
经　　销：	各地新华书店
印　　刷：	北京科印技术咨询服务有限公司数码印刷分部
开　　本：	787×1092　1/16
印　　张：	11
字　　数：	248 千
版　　次：	2023年2月　第1版
印　　次：	2024年11月　第3次印刷
书　　号：	ISBN 978-7-114-18389-8
定　　价：	38.00 元

(有印刷、装订质量问题的图书，由本公司负责调换)

前言

工程机械是我国装备工业的重要组成部分，主要应用于国防建设工程、交通运输建设、能源工业建设和生产、矿山等原材料工业建设和生产、农林水利建设、工业与民用建筑、城市建设、环境保护等领域，在提高劳动生产率、加快工程建设速度、提高工程建设质量、减轻人员劳动强度等方面发挥着举足轻重的作用。

工程机械在遂行工程保障、国防工程施工和非战争军事行动中起到重要的作用，广泛用于构筑道路、渡场和码头，指挥所和其他重要的工事，堑壕、交通壕和防坦克壕，设置障碍物等场景。为满足机械工程及相关专业的人才培养需要，我们编写了本教材。

教材共分6章。教材的第1章主要介绍了工程机械的分类、组成、发展概况与趋势。教材的第2章至第6章按照机械类别编写，每类机械的编写内容包括概述、驾驶、作业、维护与常见故障排除。其中概述主要包括该类机械的用途、组成和技术性能。驾驶内容按照具体的机型编写，内容主要包括该型机械的基本组成、操纵装置与仪表开关的识别与使用、发动机的起动与停止、驾驶。作业内容主要包括基本作业和应用作业。维护内容主要编写了实际使用中需要掌握的每班维护和等级维护的内容。常见故障排除内容主要包括发动机、底盘四大系统、电气系统和液压系统的常见故障现象、故障原因及排除方法。

本教材由鲁冬林任主编，柏林元、王清任副主编。具体编写分工为鲁冬林（第1章、第2章、第6章）、王小龙（第2章）、曾拥华（第3章）、苏正炼（第4章）、柏林元（第5章）、王清（第5章）、钱坤（第6章）。在编写过程中，曾先后到有关院校、科研所和工厂学习调研和搜集资料，参阅了大量文献资料，得到了相关单位和同行的大力支持，在此向被引文的作者和提供资料的有关人员表示衷心的感谢。

由于编者水平有限，编写时间仓促，书中缺点和错误之处在所难免，诚请读者批评指正。

编　者
2022年11月

目录

第1章 概述 ... 1
1.1 工程机械的分类 ... 1
1.2 工程机械的组成 ... 2
1.3 工程机械发展概况与趋势 ... 3
思考题 ... 4

第2章 推土机 ... 5
2.1 概述 ... 5
2.2 TY220型推土机的驾驶 ... 6
2.3 TLK220A型推土机的驾驶 ... 13
2.4 推土机的作业 ... 36
2.5 推土机的维护与常见故障排除 ... 50
思考题 ... 63

第3章 挖掘机 ... 64
3.1 概述 ... 64
3.2 JY200G型挖掘机的驾驶 ... 65
3.3 JY633-J型挖掘机的驾驶 ... 69
3.4 挖掘机的作业 ... 76
3.5 挖掘机的维护与常见故障排除 ... 86
思考题 ... 105

第4章 装载机 ... 106
4.1 概述 ... 106
4.2 ZL50G型装载机的驾驶 ... 108
4.3 ZLK50A型装载机的驾驶 ... 113
4.4 装载机的作业 ... 114
4.5 装载机的维护与常见故障排除 ... 119

思考题 ·· 126

第 5 章　平地机 ·· 127
　5.1　概述 ·· 127
　5.2　平地机的驾驶 ·· 129
　5.3　平地机的作业 ·· 137
　5.4　平地机的维护与常见故障排除 ·· 144
　　思考题 ·· 148

第 6 章　压路机 ·· 149
　6.1　概述 ·· 149
　6.2　XS142J 型振动式压路机的驾驶 ·· 151
　6.3　压路机的作业 ·· 157
　6.4　压路机的维护与常见故障排除 ·· 164
　　思考题 ·· 168

参考文献 ·· 169

第1章 概　述

工程机械是指工程建设中所使用的各种机械设备的统称。概括地说,土石方施工工程、路面建设与养护、流动式起重装卸作业和各种建筑工程所需的综合性机械化施工工程所需的机械装备,均称为工程机械。

工程机械是我国装备工业的重要组成部分,主要用于国防建设工程、交通运输建设、能源工业建设和生产、矿山等原材料工业建设和生产、农林水利建设、工业与民用建筑、城市建设、环境保护等领域,在提高劳动生产率、加快工程建设速度、提高工程建设质量、减轻人员劳动强度等方面发挥着越来越重要的作用。

工程机械也是中国人民解放军工程装备的重要组成部分。在现代战争中,由于各种技术兵器性能的不断提高及大量应用,战争的突然性和破坏力增大,人力、物力的消耗剧增,战场情况变化急剧,部队的机动性要求提高,致使各种筑城工事、技术兵器与机械车辆掩体、桥梁道路、渡场及码头等构筑任务十分繁重、紧迫。因此,运用工程机械在尽可能短的时间内完成大量的工程保障任务,以保障部队的机动与隐蔽,对于取得战争的胜利有着重要的作用。使用工程机械进行作业,可大量减少施工人员数量,提高劳动生产率和施工质量,在短促的工期内和有限的工作面上完成大量的土石方工程等。

1.1　工程机械的分类

根据用途不同,工程机械一般分为12大类:挖掘机械、起重机械、铲土运输机械、压实机械、桩工机械、钢筋和预应力机械、混凝土机械、路面机械、装修机械、凿岩机械及气动工具、铁路线路工程机械、城建机械。每一大类,又可分为不同类型的工程机械。

(1)挖掘机械:可分为单斗挖掘机、多斗挖掘机、滚切挖掘机、洗切挖掘机、多斗挖沟机、隧道掘进机等。

(2)起重机械:可分为塔式起重机、汽车起重机、轮胎式起重机、履带式起重机、桅杆式起重机、缆索式起重机、抓斗式起重机、卷扬机、施工升降机等。

(3)铲土运输机械:可分为铲运机、平地机、推土机、装载机、运输机、平板车、自卸车等。

(4)压实机械:可分为压路机、夯实机等。

(5)桩工机械:可分为打桩机、拔桩机、压桩机、钻孔机等。

(6)钢筋和预应力机械:可分为钢筋加工机械、钢筋焊接机械等。

(7)混凝土机械:可分为混凝土搅拌机(站、楼)、混凝土输送车(泵)、混凝土喷射机、混凝土浇筑机、混凝土振动器、混凝土成型机、混凝土切缝机等。

(8)路面机械:可分为道路翻松机、沥青摊铺机、混凝土路面切缝机、扫雪机等。

(9)装修机械:可分为灰浆制备和喷涂机械、涂料喷刷机械、装修升降设备等。

(10)凿岩机械及气动工具:可分为凿岩机、凿岩台车、露天钻、潜孔钻机、气镐、气铲、气锤等。

(11)铁路线路工程机械:可分为轨排轨枕机械、装卸与运输机械等。

(12)城建机械:可分为园林机械、环卫机械等。

1.2　工程机械的组成

工程机械有自行式和拖式两大类。自行式工程机械按其行驶方式的不同可分为轮式和履带式两种。虽然自行式工程机械种类很多,结构形式各异,但其基本上可以划分为动力装置、底盘和工作装置三大部分。

1)动力装置

动力装置通常采用柴油机,近年来也有部分生产制造厂家已经研发出混合动力或纯电动的工程机械。动力装置输出的动力经过底盘传动系统传给行驶系统使机械行驶,经过底盘的传动系统或液压传动系统传给工作装置使机械工作。

2)底盘

底盘接受动力装置发出的动力,使机械能够行驶或同时进行作业。底盘又是全机的基础,柴油机、工作装置、操纵系统及驾驶室等都装在其上面。底盘主要由传动系统、转向系统、制动系统和行驶系统组成。

(1)传动系统的功用是将发动机输出的动力传给驱动轮,并将动力适时加以变化,使其适应各种工况下机械行驶或作业的需要。轮式机械传动系统主要由离合器或液力变矩器、变速器、万向传动装置、主减速器、差速器及轮边减速器等组成。履带式机械传动系统主要由主离合器或液力变矩器、变速器、中央传动装置、转向离合器及侧减速器等组成。

(2)转向系统的功用是使机械保持直线行驶及灵活准确地改变其行驶方向。轮式机械转向系统主要由转向盘、转向器、转向传动机构等组成。履带式机械转向系统主要由转向离合器和转向制动器等组成。

(3)制动系统的功用是使机械减速或停车,并使机械可靠地停车而不滑溜。轮式机械制动系统主要由制动器和制动传动机构组成。履带式机械没有专门的制动系统,而是利用转向制动装置进行制动。

(4)行驶系统的功用是将发动机输出的转矩转化为驱动机械行驶的牵引力,并支承机械的重量和承受各种力。轮式机械行驶系统主要由车轮、车桥、车架及悬架装置等组成。履带式机械行驶系统主要由行驶装置、悬架及车架组成。

3)工作装置

工作装置是工程机械完成工程任务而进行作业的装置,是机械作业的执行机构。不同类型的工程机械有不同的工作装置,如推土机的推土铲刀、推架等组成的推土装置,装载机的装载铲斗、动臂等组成的装载装置,挖掘机的铲斗、斗杆、动臂等组成的挖掘装置。

1.3 工程机械发展概况与趋势

我国工程机械行业的迅速发展是在1978年实施改革开放政策以后,目前全行业有近2000家企业,可以生产铲土运输机械、工程起重机械、机动工业车辆、混凝土机械、路面机械和桩工机械等18大类、5000多种规格型号的产品。工程机械行业的规模和销售额在机械工业中次于电器、汽车、石化通用和农机。工程机械已成为重要的施工生产装备,在国民经济中占有一定的地位,已形成了以徐州、长沙、柳州、济宁与临沂、厦门、合肥、常州、成都、西安、郑州为中心的十大产业集群区,以徐工集团、三一重工、中联重科、柳工集团等为代表的龙头企业目前已经通过内外合作、收购兼并、横向联合走上了集约化、规模化的发展道路。2022年全球工程机械制造商50强中,10家中国企业入榜。其中徐工集团和三一重工分别列第3位、第4位,中联重科相比2021年下滑两个名次,位列第7。前50强中的中国企业还有柳工集团(排名15)、中国龙工(排名27)、山河智能(排名32)、山推股份(排名33)、铁建重工(排名34)、浙江鼎力(排名40)和福田雷沃(排名42)。

全世界工程机械市场控制在国际上具有名牌产品和核心竞争力的工程机械强手中,例如卡特彼勒、小松、徐工集团、三一重工、约翰·迪尔、沃尔沃、中联重科、利勃海尔、日立建机、山特维克等。前十大公司的销售额占全球工程机械市场份额的65%以上,导致全球工程机械生产集中度越来越高。

国外工程机械行业在广泛应用新技术的同时,不断涌现出新结构和新产品,技术发展的重点在于增加产品的电子信息技术含量,在集成电路、微处理器、微型计算机及电子监控技术等方面都有广泛的应用。努力完善产品的标准化、系列化和通用化,改善操作人员的工作条件,向节能、环保方向发展,可靠性、安全性、舒适性、环保性得到了高度重视,并出现了向大型化和微型化方向发展的趋势。

与信息技术紧密结合将是未来现代制造服务业的发展趋势。从全球来看,装备制造业正在向全面信息化迈进,研发、设计、采购、制造、管理、营销、服务、维护等各个环节,无不与信息技术密切相关,柔性制造、网络制造、虚拟制造、绿色制造、数控技术的发展正在推进装备制造发生巨大的变革,现代制造服务业便是变革的产物之一。目前机械装备制造业正大力推进两化融合,就是要广泛融合信息技术和高新技术,加速利用信息技术改造传统产业的深度、广度和速度,提高设计研发的效率和成功率,改变装备制造业的生产模式,从而促进现代制造服务业的发展。

1) 系列化、特大型化

系列化是工程机械发展的重要趋势。国外著名大公司逐步实现其产品系列化进程,形成了从微型到特大型不同规格的产品。与此同时,产品更新换代的周期明显缩短。特大型工程机械产品特点是科技含量高,研制与生产周期较长,投资大市场容量有限,市场竞争主要集中少数几家公司。

2) 多用途、微型化

为了全方位地满足不同用户的需求,国外工程机械在向系列化、特大型化方向发展的同时,已进入多用途、微型化发展阶段。一方面,工作机械通用性的提高,可使用户在不增加投资的前提下充分发挥设备本身的效能,能完成更多的工作;另一方面,为了尽可能地用机器作业替代人力劳动,提高生产效率,适应城市狭窄施工场所以及在货栈、码头、仓库、舱位、农舍、建筑物层内和地下工程作业环境的使用要求,小型及微型工程机械有了用武之地,并得到了较快的发展。

3)电子化、信息化

以微电子、互联网为重要标志的信息时代,不断研制出集液压、微电子及信息技术于一体的智能系统,并广泛应用于工程机械的产品设计之中,进一步提高了产品的性能及高科技含量。

4)安全、舒适、可靠

驾驶室将逐步实施防滚翻保护系统(ROPS)和落物保护系统(FOPS)设计方法,配装冷暖空调。全密封及降噪处理的"安全环保型"驾驶室,采用人机工程学设计的操作员座椅可全方位调节,配备功能集成的操纵手柄、全自动换挡装置及电子监控与故障自诊断系统,以改善操作员的工作环境,提高作业效率。大型工程机械安装有闭路监视系统以及超声波后障碍探测系统,为操作员安全作业提供音频和视频信号。微机监控和自动报警的集中润滑系统,大大简化了机械的维修程序,缩短了维修时间。大型工程机械的使用寿命达2.05万h,最高可达2.5万h。

5)节能与环保

提高产品的节能效果和满足日益苛刻的环保要求的主要措施是降低发动机排放、提高液压系统效率以及减振和降噪等。

 思考题

1. 根据用途不同,工程机械可以分为哪几类?
2. 工程机械的结构组成主要包括哪几部分?
3. 简述工程机械的未来发展趋势。

第2章 推土机

2.1 概　　述

2.1.1 用途

推土机是以履带或轮胎式牵引车或拖拉机为主机,在其前端装有推土装置、依靠主机的顶推力,对土石方或散状物料进行切削或搬运的铲土运输机械。推土机一般适用于100m 运距内进行开挖、推运、回填土壤或其他物料作业,还可用于完成牵引、松土、压实、清除树桩等作业。由于其结构成熟、操作灵活、作业效率高及能适应多种作业等特点,在国民经济建设的各部门均得到了广泛应用。

2.1.2 分类

推土机的种类较多,分类方法也较多,常见的分类如下。

(1)按发动机功率大小不同,可分为小型、中型、大型和特大型推土机。

小型推土机的功率在44kW 以下;中型推土机的功率在44~103kW 之间;大型推土机的功率在103~235kW 之间;特大型推土机的功率在235kW 以上。

(2)按行走方式不同,可分为履带式和轮胎式推土机。

履带式推土机重心低,稳定性好,接地面积大,接地比压小,附着性能和通过性能好,适于在松软土质和复杂地段作业。但其质量大、行驶速度低、机动性能差、对路面破坏较为严重,转场时需要载运。

轮胎式推土机行驶速度高,机动性能好,但轮胎的接地面积小,接地比压大,通过能力差,在松软土质地段上作业时易打滑和下陷,作业效率低。

(3)按传动方式不同,可分为机械式、液力机械式和全液压式推土机。

机械推土机采用机械式传动,具有工作可靠、制造简单、传动效率高、维修方便等优点;但操作费力,传动装置对负荷的自适应能力差,容易引起柴油机熄火,降低了作业效率。目前小型推土机主要采用机械式传动。

液力机械推土机采用液力变矩器与动力换挡变速器组合的传动装置,具有自动无级变扭、自动适应外负荷变化的能力,柴油机不易熄火,可带载换挡,减少了换挡次数,且具备操作轻便灵活、作业效率高等优点。其缺点是液力变矩器在工作中容易发热,降低了传动效率,同时,传动装置结构复杂,制造精度高,提高了制造成本,也给维修带来了不便和困难。目前,大中型推土机用这种传动形式的较为普遍。

全液压传动式推土机由液压马达驱动,驱动力直接传递到行走机构。因取消了主离合器、变速器和后桥等传动部件,所以,其结构紧凑,大大方便了推土机的总体布置,使整机质量减轻,操纵轻便,并可实现原地转向。但其制造成本较高、耐用性和可靠性较差、维修困难,目前,只在中等功率的推土机上采用全液压传动。

2.1.3 技术参数

履带式推土机的型号主要有TY160C型、TY220型、TY320型等,轮胎式推土机的型号主要有TLK220型、TLK220A(B)型。TY160C型和TY220型推土机的结构相似,本书以TY220型推土机为主介绍履带式推土机。常用推土机的主要技术性能见表2-1。

推土机主要技术性能　　　　　　　　　　　　　　　表2-1

参　　数			机　型		
			TY160C	TY220	TLK220A
整机质量(kg)			17240	23670	17850
乘员(人)			2	2	2
最大牵引力(kN)			130	450	134
最大纵向爬坡能力(°)			30	30	25
最小转弯半径(mm)			—	3.3	6.5
最小离地间隙(mm)			400	405	400
外形尺寸(mm)	长		5134	5750	7090
	宽		3970	3725	3390
	高		3203	3548	3320
行驶速度(km/h)	前进	Ⅰ挡	0~3.6	0~3.6	0~7
		Ⅱ挡	0~6.4	0~6.5	0~14
		Ⅲ挡	0~10.3	0~11.2	0~30
		Ⅳ挡	—	—	0~50
		Ⅴ挡	—	—	—
	后退	Ⅰ挡	0~4.7	0~4.3	0~7
		Ⅱ挡	0~8.2	0~7.7	0~14
		Ⅲ挡	0~13.2	0~13.3	0~30
		Ⅳ挡	—	—	0~50
柴油机	型号		NT855-C280	NT855-C280	M11-C225
	额定功率(kW)		118	162	168
	额定转速(r/min)		1850	1800	2100

2.2　TY220型推土机的驾驶

TY220型推土机是大型推土机,其结构和TY160C型推土机类似。目前,我国生产厂家主要有山东推土机总厂和中联重科土方机械有限公司(黄河工程机械厂),该机采用了先进的液力传动技术和液压操纵技术,具有功率大、可靠性高、寿命长、耗油低、操作轻便灵活、驾驶安全舒适等特点。TY220型推土机外形图如图2-1所示。

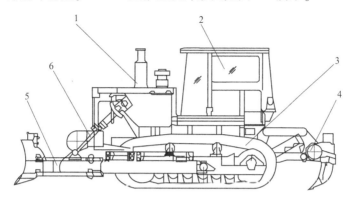

图2-1 TY220型推土机外形图
1-发动机;2-驾驶室;3-行驶系统;4-工作装置(松土器);5-工作装置(推土装置);6-液压操纵系统

2.2.1 基本组成

TY220型推土机由发动机、传动系统、行驶系统、工作装置、液压操纵系统和电气系统等组成。

1)发动机

发动机采用重庆康明斯NT855-C280型直列、水冷、四冲程、顶阀直接喷射、涡轮增压式型柴油机。

2)传动系统

传动系统为液力机械传动式,主要由变矩器、变速器和驱动桥等组成。

变矩器为三元件单级单相式液力变矩器。

变速器为行星齿轮、多片离合器、液压结合、强制润滑式变速器。

驱动桥由主传动装置、转向制动装置和侧传动装置等组成。主传动装置为螺旋锥齿轮、一级减速式传动;转向装置为湿式、多片弹簧压紧、液压分离、手动液压操作式转向离合器;制动装置为湿式、浮式、直接离合、液压助力联动操作式转向制动器;侧传动装置为二级直齿轮减速、飞溅润滑式。

3)行驶系统

行驶系统承载着推土机的全部重量,通过履带附着于地面,把动力系统传递来的动力变成推力或拉力实现推土机的行走和工作。行走机构的主要部件为台车架、引导轮、驱动轮、支重轮、托链轮和履带。

推土机的车架以摆动式平衡梁悬架结构支撑在左右台车架上。

4)工作装置

工作装置包括活动式铲刀和平行四边形可调式松土器。推土铲主要有直倾式铲刀和组合式铲刀两种配置,其倾斜角的调整方式为液压式。

松土器是一个安装在机架后面的四连杆机构,分别由左右支架、左右上连杆、下连杆和横梁铰接而成。因为四个铰点正好是一个平行四边形的顶点,故不论松土器油缸伸长或缩短,还是带动齿条上升或下降,齿尖入土的切削角都能保持最佳值。

5) 液压系统

推土机变矩变速、转向制动液压系统为统一的液压系统,全部液压油均来自后桥箱。

变矩、变速液压回路主要由变速泵、调压阀、溢流阀、变矩器背压阀、变速阀等组成。

转向、制动液压回路主要由转向液压泵、粗滤器、细滤器、转向阀总成、冷却器、安全阀、背压阀、助力器等部件组成。

工作装置主要包括工作液压泵、工作油箱总成(装有铲刀提升阀、铲刀倾斜阀、松土器阀、主安全阀、流量单向阀、补油阀、松土器安全阀等)、铲刀提升液压缸(带有快坠阀)、铲刀倾斜液压缸、松土器液压缸和伺服阀等。

6) 电气系统

电气系统使用 24V 直流电,负极接铁;主要由蓄电池、发电机、起动机、电磁开关、电压灵敏继电器和照明设备等组成。

2.2.2 操纵装置与仪表开关的识别和使用

操纵装置与仪表开关如图 2-2 ~ 图 2-4 所示,其功用和使用方法见表 2-2。

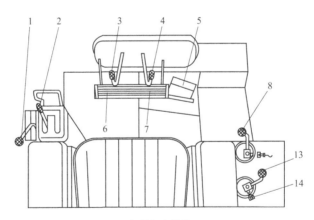

图 2-2 操纵杆安装位置(一)

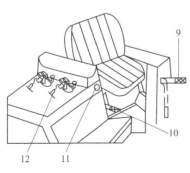

图 2-3 操纵杆安装位置(二)

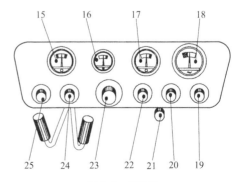

图 2-4 仪表盘

操纵装置与仪表开关的名称、功用和使用方法　　　　表2-2

图中编号	名　称	功　用	使 用 方 法
1	油门操纵杆	控制发动机转速	前推-油门减小，后拉-油门加大
2	变速杆	控制推土机行驶速度、方向	F1、F2、F3-前进Ⅰ、Ⅱ、Ⅲ挡；R1、R2、R3-后退Ⅰ、Ⅱ、Ⅲ挡；N-空挡
3、4	左、右转向操纵杆	控制左、右转向离合器及左、右制动器(二者为联动机构)	后拉-向左(右)大转弯；拉到底-向左(右)小转弯
5	减速踏板	行车速度突然加快时，踩下踏板降低发动机转速，保证安全工作	第一行程-800～850r/min；第二行程-急速
6、7	左、右制动踏板	控制左、右制动器	踏下-制动(即应先拉转向操纵杆，再制动)
8	铲刀操纵杆	操作铲刀各动作	向内侧拉-上升；中间-固定；外推-下降；推到底-浮动；左拉-左倾；右推-右倾
9	变速杆闭锁手柄	停车后闭锁，保证安全	停车前将变速杆推至N(空挡)位置，然后闭锁
10	制动器闭锁手柄	停放时闭锁制动踏板	踩下制动踏板，再进行所需操作(在发动机运转状态下进行)
11	喇叭按钮	警示	按下-喇叭发响
12	铲刀操纵闭锁手柄	作业后闭锁，保证安全	操纵后-锁紧；操纵前-释放
13	松土器操纵杆	操作松土器各动作	前推-上升；后推-下降
14	松土器闭锁手柄	作业后闭锁，保证安全	—
15	发动机机油压力表	指示发动机机油压力	绿区-正常；红区-故障或应预温
16	发动机冷却液温度表	指示发动机冷却液温度情况	工作时：绿区-正常；红区-应降温或故障
17	变矩器油温表	指示变矩器油温情况	工作时：绿区-正常；红区-应降温或故障
18	电流表	指示蓄电池充放电情况	工作时：绿区-充电；红区-放电
19	顶灯开关	控制顶灯电路	—
20	乙醚起动手柄	寒冷时起动发动机用	前后拉动，乙醚即喷入发动机进气管内
21	风扇开关	控制风扇电路	—
22	仪表灯、照明灯开关	供夜间行驶和作业时仪表照明	外拉；Ⅰ挡-仪表灯亮；Ⅱ挡-仪表灯、前后照明灯均亮
23	起动钥匙	控制起动电路接通或断开	断开(OFF)-切断；接通(ON)-接通；起动(START)-起动；预热(HEAT)-预热
24	灰尘指示器	指示空气滤清器过滤情况	灯亮-堵塞(应立即清理空气滤清器)
25	暖风开关	控制暖风机电路	—

2.2.3　发动机的起动与停止

1)起动前的检查

起动前的检查内容如下：

(1)应进行日常检查(检查项目参照每班维护)。
(2)制动踏板是否已经锁紧。
(3)变速杆是否在N(空挡)位置或锁紧位置。
(4)铲刀降到地面后,其操纵杆是否锁紧。
(5)油门操纵杆推到最小位置。
(6)如果手动燃油截止阀(如有的话)是关闭的,请打开燃油截止阀。

2)起动

(1)电起动机起动。

①将起动钥匙旋转到"起动"位置(START),起动发动机(起动时,电马达带动发动机运转中,观察发动机机油压力表指针是否摆动,能否建立起机油压力)。

②起动后,钥匙应退至"接通"(ON)位置(自动退回);钥匙停在"起动"(START)位置的连续时间,不要超过10s;起动失败后,再次起动约需间隔2min。

(2)特殊起动法。

①电磁阀发生故障时的起动。旋入关闭阀顶丝,打开关闭阀后起动。用此种方法起动后,若使发动机停止,需将顶丝旋回,关上关闭阀。

②关闭起动钥匙后的重新起动。运转中,误把起动钥匙关闭时,待发动机完全停止后,重新打开起动钥匙,才能再起动。

(3)用乙醚冷起动。

起动要领如下:

①起动前先将乙醚液注入乙醚罐内。

②将油门调到怠速位置。

③在开始起动前,先拉动乙醚喷射泵手柄等待2~3s。

④把起动钥匙旋转到"起动"(START)位置,当曲轴旋转同时推拉乙醚喷射泵手柄使发动机起动,直至发动机进入稳定运转为止。

⑤未成功起动时,应隔2min后再重复进行上述操作。

⑥起动后立刻把钥匙旋回到"接通"(ON)的位置。

⑦起动后,当发动机转速变慢快要停止时,应进行乙醚喷雾。但是操作时发动机的转速不要超过1000r/min。

对发动机喷入过量的乙醚,会引起异常爆燃,所以,须避免乙醚使用过多。

使用乙醚罐时,应注意以下事项:

①绝对禁止靠近烟火,避免日晒。

②使用后不得投入火中,也不得开孔等。

③人体不得接触或吸入乙醚气。夏季不使用乙醚时,乙醚罐内不得存有乙醚。

3)起动后的检查

发动机起动后,不要立即进行操作,应遵守以下事项:

(1)使发动机低速空载运转,检查发动机机油压力表是否指到绿色的范围之内。

(2)向后拉油门操纵杆,使发动机进行约5min的无负载中速运转。

(3)待冷却液温度表指到绿色的范围内,进行负载运转。

(4)预热运转后,检查各仪表、指示灯是否正常。
(5)检查排气颜色是否正常,是否有异常声音和异常振动。
(6)检查是否有漏柴油、机油、水现象。

步骤(1)~(3)的运转叫预温运转。另外,起动后发动机机油压力表超过了绿色的范围时,应等待其下降到绿色的范围内,再继续进行预温运转。在预温过程中,应避免急剧地加速发动机。当空载20min以上后,发动机应加上负荷,否则,会使发动机在低温下运转,燃烧不良,导致运动件磨损加剧,还可能产生涡轮增压器内积油,造成涡轮底部漏油。

4)停止

在发动机进行5min左右低速空载运转后,再把起动钥匙旋回"断开"位置(OFF),发动机即停止。

每班工作结束时,需关闭手动燃油载流阀(如有的话)或油箱底部的燃油阀。

2.2.4 驾驶

1)基础驾驶

(1)起步。

①起动发动机后,向后拉油门操纵杆,提高发动机的转速。
②松开铲刀操纵杆的锁紧手柄,把铲刀升距地面40~50cm的高度。
③松开松土器操纵杆的锁紧手柄,把松土器提升到最高位置。
④踏下左、右制动踏板的中间部位,把制动器闭锁手柄推到释放位置,然后放开制动踏板。
⑤把变速杆闭锁手柄推到释放位置。
⑥把变速杆推入所需的挡位,使推土机起步。

注意:起步时,要踏下减速踏板,调整发动机的转速,以便缓和冲击。在陡坡上坡起步时,应使发动机全速运转,使制动踏板保持在踏下不动的状态,把变速杆推入Ⅰ挡,慢慢地松开制动踏板,使推土机缓缓起步。变速杆在没有脱开挡位时,由于安全阀的作用,即使起动发动机,推土机也不会起步;在这种情况下,应先把变速杆推入"空挡"(N),然后再进入所需的挡位,推土机才能起步。

(2)变速。

把变速杆移向所需挡位,进行变速(由于能够在行走中变速,所以变速时不必停车)。

(3)换向。

进行前进、后退换向时,应踏下减速踏板,待减速后再进行换挡,以免产生冲击而损坏机械。

(4)转向。

在行走中把需要转弯侧的转向操纵杆向后拉至行程的一半时,转向离合器分离,推土机缓缓地转弯。若把转向操纵杆拉到底,并使同侧的制动器制动,推土机便会原地转弯。

在靠推土机自重下滑下坡或牵引铲运机下坡转弯时,应特别注意转向操纵杆拉到一半时,机身往相反方向转向。此时,转弯应后拉相反侧的转向操纵杆。因容易产生横向滑动,所以,应尽可能避免在坡道上转弯。在软质地或黏土地上应特别注意禁止转向,更不要原地高速转弯。

(5)停车。

①往前推动油门操纵杆,使发动机转速降低。

②把变速杆推到"空挡"(N)。

③从中间同时踩下左、右制动踏板,使制动器制动之后,用制动器锁紧手柄锁紧。

④把变速杆用闭锁手柄锁紧。

⑤把铲刀、松土器水平地放在地面上。

⑥把推土铲、松土器操纵杆用闭锁手柄锁紧。

⑦使发动机熄火,按发动机操作规定进行。

2)在复杂地形上的驾驶

(1)推土机越过障碍物。

推土机在越过高土堆等障碍物时,应先低速驶上,等行驶到顶上其重心已越过障碍物顶点时,减小油门,让机械在极低速或失去动力的情况下,以自身重量从顶上慢慢滑下。当横坡度大于25°时,不可斜向越过障碍物。在越过铁路、壕沟时均须垂直对准,慢驶过去,切防熄火。

(2)在多岩石地方行驶。

先将履带稍调紧一些,以减轻履带板的磨伤。避免急转弯与频繁转向,以免履带脱轨和急剧磨损。

(3)上下坡行驶。

上下坡行驶尽量避免中途停车和变速。如要长时间在坡道上停车,应将制动踏板锁死在制动位置,最好再在履带下塞进石块。在坡度较大时下坡转向,应注意减速慢行。

(4)在泥泞或水中行驶。

推土机涉水时,水深应不超过负重轮顶面。在泥泞和水中驶过后,要将各部泥水冲净,检查各齿轮箱有无漏油或油面过高现象。若油面过高,证明可能已进水,应将油放出检查,并需更换后才能继续使用。

(5)在狭窄、危险地段行驶。

在山区作业时,经常在山梁、山顶、崖边和密林等地形上行驶,环境复杂、情况多变,除要正确地操纵外,还要注意:

①应保持推土机各部技术状况良好。

②沿崖边行驶时,应尽量靠内侧,同时要注意是否有坍塌及石块滚落的现象发生。

③在山梁狭窄路段行驶,应避免急转向和禁止原地回转,遇有不能通过的地方不应强行通过;必要时下车查明道路情况,先推平而后通过。

3)上、下平板车的驾驶

(1)上、下平板车时,操作员必须按指挥信号准确地驾驶推土机。在夜间,指挥人员必须用发光信号指挥,并确实看清履带和平板车的边缘后,才许指挥推土机运动。当指挥信号不清时,操作员可自行停车。根据推土机与平板车的宽度,计算出每边履带超出平板车边缘的尺寸。指挥人员应站在平板车一侧的适当位置指挥。指挥时只需观察一侧履带即可,不要两边来回观察。

(2) 上、下平板车驾驶时,均应用低速挡,并保持发动机较低的稳定转速;起步、停车、转向必须平稳;推土机在跳板上时应避免转向;驶上平板车时,必须将推土机的中心线恰好与平板车中心线相重合,并且停放在标定的位置上。

(3) 推土机驶上平板车的驾驶。推土机在上跳板时,应先低速驶上,等驶到跳板顶上、其重心已越过跳板与平板车转角点时,应减小油门,或配合使用转向离合器和制动器,让机械在极低速或失去动力的情况下,以自身重量从跳板顶上慢慢落在平板车上,然后低速驶到所标定的位置上。若推土机的中心线与平板车中心线不重合,应在平板车上修整方向,但每次只能稍微转向。

(4) 推土机驶下平板车的驾驶。从平板车驶下时,指挥方法和驾驶与驶上平板车的方法相同。

(5) 夜间上、下平板车用发光信号指挥时,不能来回摆动。为了能看到履带和平板车的边缘,可在适当的位置上挂工作灯。

(6) 推土机停放在平板车上,应按规定固定好,锁紧制动踏板。推土机在平板车上的固定方法如下:

①推土机平稳停放在平板车上后,按标示位置将前边两块固定方木或三角木放好。

②指挥推土机前进,待履带或第一负重轮驶上固定方木(第一负重轮轴与固定方木内边缘垂直)时,立即指挥推土机停车,并制动推土机。

③把后端的两块固定方木或三角木放置在履带最后的履带板下方。

④指挥推土机平稳倒车,使固定方木或三角木卡紧前后履带或负重轮(不使前后负重轮起来)。

⑤锁紧制动踏板。

⑥每块固定方木用两个两爪钉成"八"字形与平板车固定好。必要时,应用铁丝分别穿过主动轮或引导轮连同履带与平板车捆绑在一起,并用搅棒搅紧。

2.3 TLK220A型推土机的驾驶

TLK220A型推土机由郑州宇通重工有限公司研制,是在其原产品TL180型推土机上改进后的新型轮式推土机,其外形图如图2-5所示。该机行驶速度高、牵引力大,具有多种作业功能并能拖挂30t平板车;采用油气悬挂减振系统,提高了操作的舒适性;采用集中润滑系统,缩短了维护时间,减轻了维护的劳动强度。

2.3.1 基本组成

TLK220A型推土机由发动机、传动系统、转向系统、制动系统、行驶系统、工作装置及液压操纵系统、悬架系统和电气系统等组成。

1) 发动机

该机发动机采用重庆发动机厂的康明斯M11-C225,为直列六缸增压水冷四冲程柴油机。

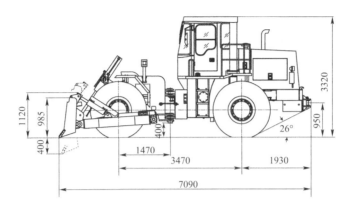

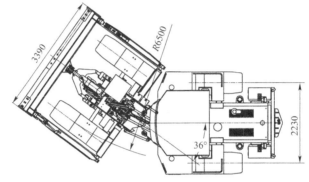

图 2-5　TLK220A 型推土机外形图(尺寸单位:mm)

2)传动系统

传动系统为液力机械传动式,主要由液力变矩器、变速器、万向传动装置、前后驱动桥等组成。

(1)液力变矩器。

液力变矩器为带锁紧离合器的四工作轮单级三相综合式变矩器。高速行驶时,应将锁紧离合器闭锁,使泵轮和涡轮锁在一起,将液力机械传动转为机械传动,以提高行驶速度和传动效率。在特殊情况下,当发动机难以起动时,将锁紧离合器闭锁后,可实现拖起动。

变矩器齿轮箱上安装有变矩变速系统主油泵、工作装置液压泵、转向泵和辅助油泵。

(2)变速器。

变速器采用圆柱直齿常啮合、全液压换挡,它将液力变矩器传来的动力,通过液压作用,接合不同换挡离合器,可得到四个前进挡、四个倒退挡,传给前后驱动桥。

在变速器上安装有变矩变速辅助油泵。变矩变速辅助油泵是通过棘轮安装在常转轴上的,为单向传动,因此,只有推土机向前行驶才泵油。所以,拖起动时,一定要向前拖动,并挂低速挡(因辅助油泵与低速挡轴相连)。

变速器操纵阀上设有制动联动阀,其作用是:当推土机制动时,使变速器自动脱挡(切断动力),以增强制动效果,减少发动机的功率损耗和制动器的磨损。当踏下制动踏板制动时,从制动阀出口处引出一部分压缩空气,通到制动联动阀的气室内,推动阀杆移动,将换挡离合器内的压力油迅速引入油箱,从而将动力切断。

(3)万向传动装置。

该机采用三种形式的万向传动装置。上、前、后万向传动装置分别使用的是解放、斯太尔、黄河牌汽车的万向传动装置。万向传动装置包括传动轴、伸缩叉和两个装有滚针轴承的万向节。其结构特点是拆卸方便、可靠性好。万向传动装置的连接螺栓采用合金钢制成,装配时不得与其他螺栓混用,或用其他螺栓代替。

(4)前后驱动桥。

前后驱动桥的结构基本相同,都由桥壳、主传动装置、差速器、半轴和轮边减速器等组成。但前后驱动桥与万向传动装置的连接凸缘盘的结构不同,前驱动桥的主动螺旋锥齿轮为右旋,而后桥的为左旋,不能互换。

主传动装置为一级锥齿轮减速器;差速器为圆锥行星齿轮式;半轴为全浮式;轮边减速器为一级直齿圆柱行星齿轮减速器。

3)行驶系统

行驶系统包括机架和车轮。机架由前机架、后机架两部分组成。前后机架通过上、下铰销相连接。铰销采用关节轴承球铰结构,这种结构便于加工、装配和维护,摩擦磨损小,并能防止前后机架的轴向窜动。

前后机架可相对左右摆动。前机架在桥板处以螺栓与前桥壳固定在一起,前机架上焊有悬挂工作装置的支架、铲刀推架座和铲刀油缸铰座。后机架通过油气悬架系统与后桥支架连接,使后桥可相对后机架上下摆动,以保证推土机在不平路面上行驶时四轮充分着地。

4)转向系统

该机采用全液压式铰接转向。转向系统主要由油箱(与工作装置液压系统共用)、转向器、稳流阀、油泵、转向油缸、油管、油箱等组成。

5)制动系统

制动系统包括行车制动(脚制动)、停车制动(手制动),还可实施拖车制动。行车制动系统形式为双管路气推油四轮固定钳盘式制动。前桥安装两个双钳盘式制动器,后桥安装两个单钳盘式制动器。

双管路气压液压式制动传动机构主要由空气压缩机、油水分离器、压力调节器、储气筒、行车制动气阀、气液制动总泵、车轮制动分泵和气制动接头等组成。

行车制动系统由两套彼此独立的系统组成,如果一套系统失灵,另一套系统仍起作用,因而称之为双管路制动系统。

停车制动系统采用软轴操纵双蹄内涨自动增力蹄式制动器,制动器安装在变速器后输出轴端。软轴操纵手柄安装在操作员座位左侧,通过软轴,使制动器里两蹄片涨开,制动制动鼓。停车制动系统完全制动时,推土机不能起步或在不小于15%的坡道上停车。解除停车制动后,蹄片不能与制动鼓接触。

通往拖平板车的管路有两条,一条为充气管路,一条为制动管路,每条管路上都设有分离开关和气制动接头,挂拖平板车时,分离开关应打开,否则,应关闭并将气制动头封盖盖好。

6）油气悬架系统

该机采用了可闭锁、可充放油的油气悬架系统。其主要作用是传递作用在车轮与车架之间的一切力和力矩，并且缓和由不平路面传给车架的冲击载荷，衰减由冲击载荷引起的承载系统的振动，以保证车辆正常行驶，减少操作员在车辆高速行驶中的疲劳，提高车辆的平顺性、稳定性、通过性。油气悬架系统主要由弹性元件、减振装置、悬挂杆系、控制电路组成。

7）集中润滑系统

集中润滑系统用于油气悬架系统各活动铰接点的间歇润滑，维持油气悬挂各活动铰接点的正常工作，延长整车寿命，对整车起着维护的作用。其特点结构简单、使用方便、充脂快捷高效、注油量精确、省时省力。

8）工作装置液压系统

工作装置液压系统包括主液压系统和先导控制系统。

主液压系统由油箱、油泵、液控多路阀、推土铲升降油缸、推土铲侧倾油缸、油管等元件组成。工作装置液压系统和转向系统共用一个油箱，油泵从油箱吸油，然后通过整体式多路阀改变油液流动方向，从而实现控制升降油缸和侧倾油缸的运动方向，或使铲刀停留在某一位置，以满足该机各种作业动作的要求或实现液压绞盘的收绳、放绳。

先导控制系统主要由油箱、先导泵、滤油器、先导阀、管路等元件组成，先导泵从油箱吸油，通过先导阀改变先导油流方向，先导油控制液控多路阀的换向，从而改变主油路油流方向，实现各执行机构的动作。

2.3.2 操纵杆的识别与使用

推土机操纵杆件如图2-6所示。

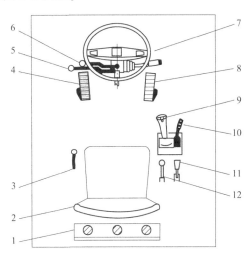

图2-6 推土机操纵杆件

1-空调；2-座椅；3-变矩器拖锁阀；4-油门踏板；5-变速杆；6-进退操纵杆；7-转向盘；8-行车制动踏板；9-铲刀操纵手柄；10-绞盘操纵杆；11-停车制动操纵杆；12-拖起动操纵杆

部分操纵杆的功用和使用方法见表2-3。

部分操纵杆名称、功用和使用方法　　　　表 2-3

图中编号	名　称	功　用	使用方法
3	变矩器拖锁阀	变矩器锁紧、拖起动起操纵	前推-变矩器锁紧;中位-正常位置;后拉-拖起动
4	油门踏板	控制发动机转速	踏下-增大;松开-减小
5	变速杆	控制推土机的变速操纵	前推-Ⅰ挡;中位-Ⅱ挡;后拉1位-Ⅲ挡;后拉2位-Ⅳ挡
6	进退操纵杆	推土机前进和后退控制	前推-前进;后拉-后退;中位-空挡
7	转向盘	控制机械转向	—
8	行车制动踏板	行车制动控制	踏下-制动;松开-制动解除
9	铲刀操纵手柄	控制铲刀的动作	前推-下降;前推到底-浮动;中位-静止;后拉-上升;左扳-左倾;右扳-右倾;中位-静止
10	绞盘操纵杆	控制绞盘的动作	前推-防绳;后拉-收绳;中位-静止
11	停车制动操纵杆	停车制动控制	上拉-制动;下压-制动解除
12	拖起动操纵杆	和变矩器拖锁阀共同实现机械的拖起动	上拉-拖起动;下压-正常使用

2.3.3　发动机的起动与停止

1) 起动前的检查

发动机起动前需检查以下内容:

(1) 发动机的燃油、润滑油(含高压油泵)和冷却液是否在规定范围内。

(2) 蓄电池桩柱与导线连接是否固定牢靠。

(3) 油管、水管、气管、导线及连接件是否连接牢靠。

(4) 轮胎气压和车轮固定情况。

(5) 工作液压油、制动液是否足够。

(6) 各部件的连接固定情况,重点是汽缸盖、排气管、轮辋螺栓和传动轴螺栓等部件。

(7) 各操纵杆是否扳动灵活、连接可靠,变速杆和进退操纵杆是否在空挡位置。

(8) 热平衡系统的马达安装支架是否牢固(用手摇一摇)及固定螺栓是否松动。

2) 起动

起动前应将变速杆置于空挡位置,停车制动置于"制动"位置,同时,工作装置操纵杆也应置于中间位置。

插入电锁钥匙右旋至Ⅰ挡位置,电源总开关吸合,整机电源接通,电子监测仪开机系统进入自检状态,显示器显示"8888"。项目指示灯(绿)、项目报警灯(红)交替点亮,同时报警总灯闪烁,报警蜂鸣器响,持续3s,表示系统正常。如不显示"8888",则对照故障代码表,查出出错项目。自检完毕后显示窗显示电源电压。

启动开关右旋至Ⅱ挡,起动发动机,发动机起动成功后松开钥匙自动复位到Ⅰ挡。开机前各屏蔽项进入监测状态,这时按"自检"键可进行自检,按"⌧"键屏蔽蜂鸣器报警,再按一下蜂鸣器开启。按"∧"或"∨"键则可根据对应项目指示灯观察各部位的工作情况,当任意一路参数出现不正常时,则按照预先设定的报警参数进行报警,提醒操作员注意,或采取相应措施,如变矩器油温的变化与操作员操作(挡位、油门等)有关系。

当一次起动不成功需二次起动时,防误起动功能自动限制不能进行再次起动,必须将钥匙左旋至"0"挡位置,重新操作起动。

当需要熄灭发动机时,将钥匙左旋至"0"挡位置,发动机燃油泵电磁阀断电切断燃油油路,发动机熄火,同时,电源总开关失电断开,整机电源切断。

3)变矩器锁紧及拖起动操纵

当电起动失灵时,应使用拖起动装置。推土机只有在前进时才能有效拖起动,倒车牵引不能拖起动。具体步骤如下:

(1)将发动机燃油泵电磁阀上的手动旋钮顺时针转到底。
(2)将变矩器锁紧及拖起动手柄置于拖起动位置。
(3)用牵引车牵引或推土机从后面推,进退操纵杆向前推,挡位挂Ⅱ挡。
(4)发动机一经起动,立即将变速杆拉入空挡,将变矩器锁紧及拖起动操纵杆置于中位,再将燃油泵电磁阀上的手动旋钮逆时针旋转回原位,并向牵引车发出信号,以示起动完毕。

4)起动后的检查

(1)检查监测仪各参数及其他各仪表指示是否正常。
(2)检查各照明设备、指示灯、喇叭、刮水器、制动灯、转向灯是否正常工作。
(3)检查低速和高速运转下的发动机工作是否正常可靠。
(4)检查转向及各操纵杆工作是否灵活可靠,拖起动杆是否置于后压位。
(5)检查行车制动、停车制动是否可靠。
(6)结合各挡运行情况,检查是否有不正常响声。
(7)检查有无"三漏"。
(8)检查独立散热系统风扇的转动是否异常,马达、泵是否有异常响声。
(9)检查检测仪空气滤清器报警灯是否闪亮,蜂鸣器是否鸣响,若是则应立即停车熄火,更换滤芯。

2.3.4 驾驶

1)基础驾驶

(1)起步。

①检查确认推土机各部分工作正常,使发动机空转,水温达到55℃,气压达到0.45MPa。
②将铲刀升至运输位置(离地面400mm左右)。
③观察机械周围情况,鸣喇叭。
④解除停车制动。
⑤根据道路及拖载情况,选择合适挡位,平稳地踏下油门踏板,机械即可起步。

(2)换挡。

①根据道路及拖载情况选择适合的速度行驶。由低挡变高挡时,先踏下油门踏板,使

车速提高,再放松油门踏板,同时将变速杆置于高挡位置;由高挡变低挡时,先放松油门踏板,降低车速,如车速仍较高,可利用脚制动使车速降低,再将变速杆从高挡置于低挡位置。

②实施行车制动时,变速器可自行脱挡,所以,制动前不必将变速杆置于空挡。

③当在良好路面,以Ⅳ挡行驶时,可将拖锁阀操纵杆向前推,使锁紧离合器接合,以提高传动效率和行驶速度。

(3)转向。

①一手握转向盘,另一手打开左(右)转向灯开关。

②两手握转向盘,根据行车需要,按照转向盘的操纵方法修正行驶方向。

③关闭转向灯开关。

注意:转向前,视道路情况降低行驶速度,必要时换入低速挡。在直线行驶修正行驶方向时,要少打少回,及时打及时回,切忌猛打猛回,造成推土机"画龙"行驶。转弯时,要根据道路弯度,大幅度转动转向盘,使前轮按弯道行驶。当前轮接近新方向时,即开始回轮,回轮的速度要合适弯道需要。转向灯开关使用要正确,防止只开不关。

(4)制动。

制动方法可分为预见性制动和紧急制动。在行驶中、操作员应正确选用,保障行驶安全。

①预见性制动。推土机在行驶中,操作员对已发现的地形、行人和车辆等交通情况的变化,或预计到可能出现的复杂局面,有目的地采取减速或停车措施,称为预见性制动。预见性制动不仅能保证行驶安全,还可以避免机件、轮胎的损伤。因此,这是一种最好的和应经常采用的制动方法。预见性制动操作方法有减速制动和停车制动两种。

减速制动是在变速杆处于工作位置时,主要用降低发动机转速限制推土机的行驶速度,一般在停车前、换入低挡前、下坡和通过或凸凹不平地段时使用。其方法是:发现情况后,先放松油门踏板,利用发动机低速牵制行驶速度,使推土机减速,并视情持续或间断地轻踏制动踏板使推土机进一步降低速度。

停车制动是用于停车时的制动。其方法是:放松油门踏板,当推土机行驶速度降到一定程度时,即轻踏制动踏板,使推土机平稳地停车。

②紧急制动。推土机在行驶中遇到紧急情况时,操作员应迅速使用制动器,在最短的距离内将推土机停住,达到避免发生事故的目的,这种制动称为紧急制动。紧急制动对推土机的机件和轮胎都会造成较大的损伤,并且往往由于左右车轮制动力矩不一致,或左右车轮与路面的附着力有差异,会造成推土机"跑偏""侧滑",失去对方向的控制。因此,紧急制动只有在不得已的情况下才可使用。其操作方法是:握稳转向盘,迅速放松油门踏板,用力踏下制动踏板,同时使用手制动,充分发挥制动器的最大制动能力,使推土机立即停驶。

推土机使用强烈的紧急制动时,车轮若"抱死",则会出现后轮侧滑,引起推土机剧烈回转振动,严重时可使推土机掉头,特别是在附着力较差的路面上(如冰雪、泥泞路面等),更为常见和明显。为了预防和减轻后轮侧滑,可采用间隔制动。

间隔制动可使车轮尽可能不"抱死"或少"抱死"。具体操作方法是：首先，使右脚用最大的力踏下制动踏板，力求在短时间内制动"抱死"车轮。开始"抱死"的瞬间，立即减弱作用在制动踏板上的力(不完全放松)，以防止车轮"抱死"和车轮侧滑。然后，用力踏制动踏板，力求短时间内"抱死"车轮，再减弱作用在制动踏板上的力。如此反复操作，可使推土机获得较好的制动效果，能有效减少侧滑。当出现侧滑时，应立即停止制动。把转向盘朝后轮侧滑方向转动使推土机位置调正后，再平稳地实施制动。

(5)停车。

①放松油门踏板，使推土机减速。

②根据停车距离踏制动踏板，使推土机停在指定地点。

③将变速杆置于空挡。

④将停车制动器置于停车制动状态。

⑤将铲刀降于地面。

(6)倒车。

倒车需在推土机完全停驶后进行，其起步、转向和制动的操作方法与前进时相同。

倒车时要及时观察车后周围地形、车辆、行人的情况(必要时下车察看)，发出倒车信号(鸣喇叭)以警告行人；然后挂入倒挡，按照倒车姿势，用前进起步的方法进行后倒。倒车时，车速不要过快，要稳住油门踏板，不可忽快忽慢，防止熄火或倒车过猛造成事故。倒车姿势有下列三种。

①从后窗注视倒车。左手握转向盘上缘控制方向，上身向后侧转，下身微斜，右臂依托在靠背上端，头转向后窗，两眼视后方目标。后窗注视倒车可选择车库门、场地和停车位置附近的建筑物或树木为目标，看车尾中央或两角，进行后倒。

②从侧方注视倒车。右手握转向盘上缘，左手打开车门后扶在门框上，上体向左倾斜伸出驾驶室转头向后，两眼注视后方目标。侧方注视倒车时可选择车尾一角或后轮，对准场地或机库的边缘，进行倒车。

③注视后视镜倒车。这是一种间接看目标的方法，即从后视镜内观察车尾与目标的距离来确定转向盘转动的多少。此种方法一般在后视、侧视观察不便时采用。

倒车转弯时，欲使车尾向左转弯，转向盘亦向左转动；反之，向右转动。弯急多转快转，弯缓少转慢转。要掌握"慢行驶、快转向"的操纵要领。由于倒车转弯时，外侧前轮的轮迹弯曲度大于内后轮，因此，在照顾方向的前提下，还要特别注意前外车轮以及工作装置是否碰挂到其他障碍物。

(7)牵引行驶。

①把拖平车牢靠地连接在推土机尾部牵引销处。

②接通气路、电路，检查充气、制动和电路是否正常。

③将工作装置置于运输位置。

④机械起步和停止时，动作要缓慢；下坡前要注意检查制动系统是否良好。

注意：①挂拖车时，出车前务必打开主机上的分离开关，不挂拖车时务必关闭，以保证操作员和车辆的安全；②拖挂满负荷30t平板车时，为安全起见，行驶速度最好不超过35km/h。

(8)安全驾驶规则。

①推土机在低速行驶时,切勿扳动变矩器锁紧及拖起动操纵杆,以免产生故障。

②发动机冷却液温度低于55℃时,不应起步行驶,行驶中水温应保持在55~90℃之间。

③制动系统的气压低于0.45 MPa时,机械不应起步行驶。行驶中气压应大于0.6MPa。

④当变速器工作油压力低于1.2MPa,变矩器出口压力低于0.147MPa时,应停车检查排除故障。

⑤下坡时,不应使发动机熄火或用空挡滑行,应将变速杆置于低挡位置。

⑥制动踏板应轻轻地踩下,不应过猛。

⑦不应使发动机在急速下长期运转,以免破坏发动机的正常温度,使喷油器产生积炭、胶结现象,也不应在抖振较大的转速下(临界转速)运转,以免机械发生共振而损坏机件。

2)式样驾驶

推土机式样驾驶是把起步、换挡、转向、制动、停车、倒车等单项操作,在规定的场地内,按规定的标准和要求进行综合练习,以培养锻炼操作员目测判断能力,全面提高操作技术水平。

(1)定点停车。

①场地设置。定点停车的场地设置如图2-7所示。

②操作要领。在推土机铲刀距车库前20m线约10m时,应向右适当转动转向盘,使推土机正直靠右行驶。当推土机进入20m线内时,应立即抬起油门踏板,并用制动踏板适当减速,同时观察判断右轮与右边线的距离,使右轮在距右边线约0.2m的间隔处前进。当铲刀进入车库后,可采用"先轻后重"或"间歇制动"的方法使推土机一次平稳停于规定地点。

③操作要求。

a.推土机以20km/h以上的速度接近场地,20m以外不得采取制动措施。

b.一次平稳停于车库内,铲刀不出线,车轮不压右线,车身不出左线,前端距前线不得大于0.5m。

c.进车库后速度要平稳,停车时不得采取紧急制动。

d.出车库时,起步后到出车库前的全部过程不得熄火。

(2)"8"字形驾驶。

①场地设置。

"8"字形场地设置如图2-8所示。外径$R=2$倍车长,内径$r=2$倍车长$-$(车宽$+$1.3m)。

②操作要领。

a.行驶速度要慢,先低速挡,后中速挡;运用油门踏板控制行驶速度。踩踏油门踏板要平稳,使推土机行驶不"窜动"。

b.转向盘按大转弯要领操作,即要使前外轮尽量靠近外圈,随外圈变换方向。防止前外轮和内后轮压线或越线。

c.推土机行至交点的中心线时,应迅速反向转动转向盘。

d. 转向盘使用要柔和、适当,修正方向要及时、少量,使车轮保持弧形前进。

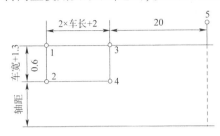

图 2-7 定点停车场地(尺寸单位:m)

图 2-8 "8"字形场地

③操作要求。

a. 不得从两环交会处进入,前、后轮不准越出线外。

b. 行驶至交会处做一次加挡(或减挡)动作。

c. 操纵转向盘时,应用两手交替、大把打回,不准反握转向盘轮缘操作。

(3)折线形驾驶。

①场地设置。

折线形场地设置如图 2-9 所示。1、2、3、4 为主桩,在一条线上,桩杆间隔均为两个机长,在主桩左或右平行设置 5、7 和 6、8 共 4 根副桩,每对主副桩构成 1 道桩门,4 道桩门宽度均为机宽 +0.8m。

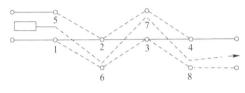

图 2-9 折线形场地

②操作要领。

通过折线形场地前,要调正车身,保持适当的速度靠外侧桩杆行驶;当前轮对正桩 1 时,迅速向右转动转向盘;当铲刀对正桩 6 时,及时向左转动转向盘,使铲刀向桩 7 方向行驶。如此反复操作,可顺利通过折线形路段。

③操作要求和注意事项。

a. 推土机用Ⅱ挡行驶,并保持 10km/h 以上的速度通过。

b. 转向盘转动要及时准确,做到不碰杆、不压线、不停车。

c. 初学者车速要慢一些,待掌握要领后再适当提高车速。行驶中要靠路的外侧,并根据路宽和车的位置,确定转向时机和速度。

(4)侧向移位。

①场地设置。

侧向移位场地设置如图 2-10 所示。场地中设 6 根桩,桩 2 为主桩,其余为副桩。库长为两个车长;甲、乙库宽均为车宽 +0.6m。起(终)点线距车库底线为 1m。

②操作要领。

a. 进入甲库。

挂Ⅰ挡起步后,双眼注视桩 5、6 和 2、3,保持居中前进驶入甲库。当驾驶室越过桩 5、6 后,从后窗观察车尾,当车尾距桩 5、6 0.20 ~ 0.30m 时,立即停车。

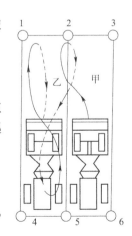

图 2-10 侧向移位场地

b. 侧方移位。

第一次前进：推土机刚起步即迅速将转向盘向左转到底，使推土机向乙库前进；当看到铲刀上部右端移过桩 2 时，迅速向右转动转向盘，使铲刀驶向桩 2，距桩 2 1m 左右时，再迅速回转转向盘；接近桩 2 时，立即脱挡停车。此时，铲刀中心应对正桩 2。

第一次倒车：挂倒挡刚起步即迅速向左转动转向盘，并从后窗观察车尾摆动的方向；当车尾越过桩 5 2/3 时，即立即向右转足方向并继续后退，待车尾距桩 5 1m 左右时，迅速回转转向盘，并随即脱挡停车。此时，车尾中部应对正或略超过桩 5。

第二次前进：推土机刚起步即向左转足转向盘，当看到铲刀左下角靠近左侧边线时，即向右转转向盘，并沿此线继续前进；待前端距前边线 1m 左右时，即迅速向左回转转向盘，接近前边线时，随即脱挡停车。

第二次倒车：应从后窗观察停放位置，以判定如何转动转向盘。推土机起步后，在向左转动转向盘的同时，随即注视车尾摆动情况，当车尾左侧 1/3 处对正桩 4 时，迅速向右回轮，使车尾摆回右侧，对正桩 4 和桩 5 中间位置继续倒退；待车尾距乙库后端线 1m 左右时，应回头前看，使推土机居于乙库中间位置，随即脱挡停车，侧向移位完成。

③操作要求。

a. 机由甲库用二进二退移到乙库，并停放正直。

b. 库过程中，推土机各部不准越出四边画线，不得碰刮桩杆。

c. 退过程中，不得熄火和任意停车。

d. 转向盘要正确，不准原地打"死轮"。

(5) 桥形倒车。

①场地设置。

桥形倒车场地设置如图 2-11 所示。甲、乙两库宽均为车宽 +0.6m≈4m，库长为车长 +0.6m≈8m，桥高为 2 倍车长≈15m，桥长为 4 倍车长≈30m，桩 5、6 间距为库宽。

②操作要领。

推土机从桩 9、10 之间正直驶入甲库停稳。用Ⅰ挡起步从桩 7、8 之间通过；当驾驶室后侧过桩 8 之后，迅速右转转向盘，使推土机靠近桩 7、8 之间画线的延长线上行驶；当铲刀靠近右侧边线时，向左转动转向盘，并沿线靠近桩 5 继续前进；待驾驶室后侧越过桩 6 后，迅速向左转向，使推土机靠近桥高线前进；当工作装置前端距桥底 3、4 线 1m 左右时，向右转动转向盘，待前端过桩 3 后，即向左回转，使前端对正桩 3、4 之间，并进入乙库，以桩 1、2 中央为目标继续前进；当前端距前划线 0.2m 时，脱挡停车。由乙库倒入甲库时，按原路倒回，其操作按相反顺序进行。

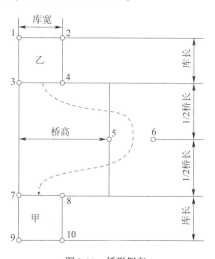

图 2-11　桥形倒车

③操作要求。

a. 在行驶中,要时刻注视铲刀的位置,不要碰刮桩杆和越过画线。

b. 在通过桩 6 时,不可使车身靠桩过近,以防碰倒。

c. 在移库的全过程中,推土机不得熄火,中途不准停车。

(6)倒进车库。

①场地设置。

倒进车库的场地设置如图 2-12 所示。库宽为车宽 +0.6m,库长为车长 +0.5m,路宽为 1.5 倍车长。

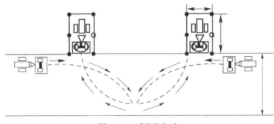

图 2-12 倒进车库

②操作要领。

a. 前进选位停车。

推土机挂低挡起步后稳速前进,使车身紧靠右(左)车库一侧边线行驶,待转向盘对正库门桩杆时,迅速向左(右)将转向盘转到底,使车头向车库前方行驶;当工作装置前端距车库对面边线 1m 左右时,即迅速回转转向盘,并随即脱挡停车。

b. 后倒入库。

起步前,先调整姿势,由后窗选好目标,挂挡起步后,向右(左)转动转向盘,使车尾靠近内桩杆慢慢行进;当车尾进入车库时,转向盘应及时向左(右)回转,并前后兼顾;当驾驶室门移到库门时,车尾中央应对正后两桩杆中间,此时,若发现稍有不正,应及时修正方向,使车身正直倒入车库内,前轮摆正后要立即脱挡停车。

③操作要求。

a. 要一进一退倒入车库内,并使车正轮正,不准歪斜。

b. 在进退过程中,不准熄火,不得任意停车。

c. 操作过程中,目标要看准,速度要适当,车身不准越出边线和碰刮桩杆。

d. 完全停车后,不准用原地打"死轮"来修正前轮方向。

(7)蝶形倒车。

①场地设置。

蝶形倒车的场地设置如图 2-13 所示,由甲库、乙库和回车场组成。图中各条横、竖桩位线的夹角为直角。库长为车长 +2m,库宽为车宽 +0.6m,回车场长为 2×(车长 +1.5 +车宽 +0.6)m,回车场宽为 1.5 倍车长,起(终)点线距桩 7 为 1m。

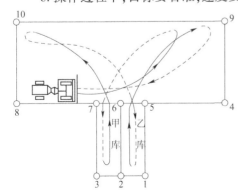

图 2-13 蝶形倒车场地

②操作要领。

a.倒入甲库。

前进停车:推土机由起点线以低速挡起步,沿8—4边线直行;当看到第7桩杆与右前轮对正时,迅速向左转动转向盘到底;当铲刀前端距9—10边线约1m时,迅速向右回转方向,并脱挡停车。

倒入甲库:后倒前,先从后窗看清甲库的7、6两桩杆位置,然后挂倒挡起步,并从后窗观察,以车尾后角和桩杆6为目标,把转向盘向右转到底,使车尾右后角靠近桩杆6相距约0.3m;待后轮轴越过桩杆6时,开始向左回转转向盘,然后以桩杆2、3为目标继续后倒;当车尾中心线与2、3桩杆距离相等时,将车身摆正继续后倒,待工作装置进入桩杆6—7边线内,即脱挡停车。

b.倒入乙库。

前进左转弯选位停车:挂低挡起步后直线前进,当推土机后轮轴刚越过桩杆7时,迅速向左转动转向盘到底,使推土机铲刀向桩杆8—10边线靠近;待相距边线约1m时,迅速向右回转转向盘,并脱挡停车。

倒入乙库:倒车前,先从后窗看清乙库的桩杆6、5位置,挂挡起步后,迅速向右回转转向盘,转动到底后再立即向左转动到底。后倒时,以车尾左后角与桩杆6为目标,并使车尾左后角与桩杆6保持0.3m的距离,当右后角越过桩杆6后,开始向右回转方向,然后以桩杆1、2为目标继续后倒;当车尾中心线移到桩杆1、2中间位置时使车身摆正,待工作装置进入桩杆5—6边线内后,脱挡停车。

c.倒回原起点位置。

前进右转弯选位停车:推土机在乙库内挂低速挡起步前进,当后轮轴越过桩杆6时,即向右打满方向,使推土机右转弯前进;当铲刀对正桩杆9相距约1m时,向左回转转向盘,脱挡停车。

倒回原起点位置:倒车前,先从后窗观察桩杆7,并以桩7为目标倒车;挂倒挡起步后,向左回转转向盘;当车尾右后角接近桩杆7时,要适度回转转向盘,并注视桩杆8;当车尾右侧1/4处移过桩杆8时,立即向右回正转向盘,使挡泥板与桩杆7保持0.3m的距离,使车尾右后角与桩杆8也相距0.3m;待车尾靠近桩杆8—10边线时,脱挡停车。

③操作要求。

a.推土机由起点线起步前进左转弯并选位停车,先倒入甲库;再从甲库驶出,左转弯前进并选位停车,然后倒入乙库;最后,从乙库驶出右转弯前进选位停车,再倒回原位。

b.起步平稳,推土机入场后不得熄火。

c.推土机停稳后,不得转动转向盘。

d.在进倒全过程中,不准停车;推土机任何部位不得碰到桩杆或越线。

e.从铲刀进入起点线到车尾退出起点线,应在4min之内完成。

(8)公路掉头。

①场地设置。

公路掉头场地设置如图2-14所示。路宽为推土机车长的1.5倍。

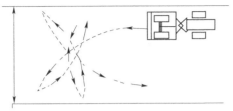

图 2-14 公路掉头场地

②操作要领。

a. 开进场地。

推土机开进场地后,靠右侧停机,使轮胎以不压线为度。

b. 第一次前进。

打开左转向灯,挂Ⅰ挡起步,刚起步时迅速将转向盘向左转到底,使推土机驶向左侧;当左前轮距边线约 1m 时,迅速向右转动转向盘,待左前轮接近边线时,脱挡停车。

c. 第一次倒车。

打开右转向灯,通过车门或后窗观察停车位置,然后挂倒挡起步。刚起步便立即向右将转向盘打满方向,使车尾右转,同时左手扶门框侧身后视后轮走向;当左后轮距后画线 1m 左右时回转转向盘,并脱挡停车。

d. 第二次前进。

打开左转向灯,挂Ⅰ挡起步时迅速向左转足转向盘,再使车头向左转;当右前轮距边线约 1m 时,迅速回转转向盘,接近边线时脱挡停车。

e. 第二次倒车。

打开右转向灯,挂挡起步后,迅速向右打满转向盘,使车尾向右转,从车门后视左后轮接近后边线约 0.5m 时,迅速回转转向盘,接近边线时脱挡停车。

f. 第三次前进。

打开左转向灯。挂Ⅰ挡起步时,仍需向左转转向盘,以保证右前轮不压右边线为好;待车身摆正后,关闭左转向灯。

③操作要求。

a. 推土机"三进、二倒"完成掉头。

b. 推土机进入场地后不得熄火;操作过程中不得任意停车,前后轮均不准压线。

c. 推土机停稳后,不准转动转向盘。

d. 在前进、后倒停车的一瞬间,要及时迅速地转动转向盘,使每次进退完成的转向角度尽量大些,给下一次进退做好准备。

(9)通过跳板桥、右单边桥。

①场地设置。

桥的单边宽度等于前轮胎面宽度加 0.2m,桥高为 0.2m,桥长大于两个轴距 6m,左右两个桥板平行放置,其中心线宽度等于两前轮中心线宽度。距桥前 15m 处,设路宽 3.75m 的 120°~150°弧形弯道,如图 2-15 所示。右单边桥的设置,除不设左跳板和弯道外,其余与前述设置相同。

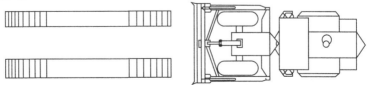

图 2-15 通过跳板桥

②操作要领。

通过跳板桥前,应降低行驶速度,换入低速挡,靠弯道外侧慢慢行驶,操作员调整好坐姿,目视前方,选择标定点,上桥前要使左前轮对正左跳板中心线,保持直线行驶。推土机前进时,视线也随之前移,当推土机驶上跳板后,操作员随即把目光随跳板中心线向地面延伸,选择标定点,直到通过跳板桥为止。

通过跳板桥的关键是:上桥前必须使推土的纵轴线对正两跳板的中央,握稳转向盘。若发现车偏向,应及时修正,但要少打少回。在推土机铲刀未到跳板前端"盲区"(看不到的地方)前,就要选好正直行驶标定点,才能保证直线驶过桥面。

通过右单边桥时,由于车身向左倾斜,方向容易跑偏,操作员除必须保持端正的驾驶姿势、握紧转向盘外,还应向前平视选好行驶标定点,稳住速度,直线通过。

③操作要求。

通过跳板桥时速度要慢,途中不准变速、停车,不准将头伸出车门外探视。

3)道路驾驶

道路驾驶是操作员基本技能的综合运用,是推土机驾驶技术学习的深入。通过道路行车实践,操作员除了掌握一般道路的驾驶操作方法外,还要学会对路遇车、马、行人等情况的观察、判断和处理,为在各种环境和道路条件下驾驶推土机打下技术基础。

(1)行驶路面的选择和速度控制。

①行驶路面的选择。

行驶路线对行驶安全和轮胎、传动机构的使用寿命、燃料消耗以及操作员的疲劳程度都有很大的影响。因此,在行驶中应正确选择路线,尽量避免颠簸,并尽可能保持直线匀速行驶。

a. 在没有分道线的道路上,无会车和超车的情况下,应在道路中间行驶。特别是在路面不宽、拱形较大的碎石路面上,使推土机左右都有回旋的余地。在有分道线的道路上,应在右侧行车道的中间行驶。

b. 行驶中应注意选择干燥、坚实、平坦的路面,尽量避开尖石、棱角物及凸凹地等。但要防止为了选择路面而左右猛转向,以免失去稳定性发生交通事故。

c. 行驶中遇有会车或让车等情况,应注意减速,并靠道路右侧行驶,过后再平稳回到道路中间。在有快、慢路线区分的道路上,应在慢车道上行驶。

②行驶速度控制。

行驶速度与行驶安全、燃料消耗及机件使用寿命有直接关系,必须合理掌握。行驶速度根据道路、气候、视野、交通情况和操作人员的技术水平、精神状态等因素来确定。在良好的路面上可用高速行驶;但新操作员不能使用最高行驶速度,以保证行驶安全。

③行车间距的控制。

对于同方向行驶的机械、车辆,前后应保持一定的距离。间距过小会造成因前车突然制动,而发生追尾相撞事故。行车间距的大小,取决于行驶速度、操作员的技术水平、精神状态以及道路、气候等条件。一般情况下,在公路上要保持30m以上;在市区要保持20m以上;在冰雪道路上要保持50m以上;若气候恶劣或道路特殊,还应适当加长。在干燥路面上行驶时,距前车的距离数值,可近似等于行驶时速的千米数。

(2)会车、超车和让车。

①会车。

与迎面车辆相遇、相互交会简称会车。会车前,应先看清来车、道路和交通情况,选择安全地段会车。会车应遵守交通规则,自觉做到"礼让三先",即"先让、先慢、先停"。要选择合适地点,靠道路右侧通过。

a. 在一般双车道公路会车。

双车道公路有裕的会车余地时,可先减速,然后靠道路右侧行驶,控制车速,稳住转向盘,并顾及道路两侧的情况,保证两车交会时有足够的横向间距;当判明交会无障碍时,便可逐渐加速,交会后慢慢驶向道路中间。

b. 在路面狭窄或两边有障碍物的情况下会车。

根据对方来车的速度和道路条件,选定会车地段。正确控制自己驾驶的推土机,若距离交会地段比对方车远,应加速行驶,若距离交会地段比对方车近,则应减速等候来车,以保证两车在已选好的地段交会。

c. 在其他情况下会车。

当对面出现来车,而自己驾驶的推土机前方右侧有同向行进的非机动车辆或有障碍物时,须根据具体情况决定加速或减速,避免在障碍物处会车。行驶中遇有狭窄地段或窄桥时,应估计双方距交会点的远近和车速并采取措施。车速慢、距离远的车主动让车速快、距离近的车先通过,不可抢行。在恶劣气候条件下,如阴天、雨天、浓雾或黄昏等视度不良情况下,应提高警惕,降低行驶速度,并加大两车横向间距,必要时停车避让。会车时,切忌不愿提前减速,强行在道路中间高速行驶,待对方车辆临近时才突然转向避让,会车后又急促地驶向路中。这是一种不良习惯,必须禁止。

②超车。

超越前方同向行驶的车辆,统称超车。超车应选择路宽且直两侧无障碍物、视线良好的路段,并且在交通规则允许的情况下进行。因此,超车是有条件的,不具备条件的超车最易引发交通事故。

欲超前车时,先向前车左侧接近,打开左转向灯,并鸣喇叭通知前车(夜间应交替使用远近灯示意),力求使前车发现;在确认前车让超后,与前车保持一定的横向安全距离,从左侧超越。

在要求超越前车的过程中,要防止前车虽靠右边行驶却不让路而自行选择路线强行超越。在沙土路上,灰尘大看不清前车,而前车偏向右边行驶时,前车可能是会车,而不是让超车,此时,不可盲目超车,以免发生撞车事故。超越前车后,应沿左侧超车路线行驶至少超越前车20m,估计已不会影响被超车辆行驶时,再开右转向灯缓慢转动转向盘驶入道路中间或右侧,关闭转向灯。若前车因故未能及时避让,不应强行超车,更不能有急躁情绪,开赌气车。

在超越停放的车辆时,应减速鸣喇叭,警惕该车突然起步驶入车道或突然打开车门,也要注意被超越车遮蔽处突然出现横穿公路的行人,尤其超越停站客车时,更应特别注意。

在超越拖拉机时,由于其在行驶中噪声大,操作员不易听清其他车辆声音,加之拖拉机的挂车左右摆动较大,制动性能比较差,因此,要多鸣喇叭,尽量与其保持足够的横向间距。

为了确保超车安全,必须严格遵守交通规则中"禁止超车"的有关规定。

③让车。

在行驶中,应注意后面有无车辆尾随,发现有车要求超车时,应根据道路、交通情况,估计是否适宜让后车超越;在认为可以超越的条件下,选择适当路段,靠右行,必要时以手势示意后车超越。不得无故不让或让路不减速。

让车过程中,若发现右前方有障碍物,不能突然左转方向企图越过障碍物,这样会使正在超越车辆的操作员措手不及而发生事故;只能紧急制动或停车,待后车完全超过后再绕行。

让车后,应扫视后视镜,确认无其他车辆超越时,再驶入正常行驶路线。

(3)坡道起步、停车和换挡。

①坡道起步。

a.上坡起步:因受上坡阻力的影响,在操作上除按平路起步要领外,还要注意停车制动器和油门踏板的紧密配合。

挂上低速挡,手握住转向盘,两眼注视前方,鸣喇叭。

视坡道大小,踏下油门踏板,将发动机转速提高到适当程度,逐渐放松停车制动器,使推土机平稳起步,随后徐徐踏下油门踏板,加速行驶。

上坡起步的关键是掌握好放松手制动器的时机,解除制动过早,会因车轮未获得足够牵引力而产生后溜;若解除制动过迟,会因制动力过大而不能起步。

起步时,若感到动力不足无法前进,应立即踏下制动踏板,然后拉紧停车制动器,再放松制动踏板,重新起步。绝对不可在推土机后溜时猛然向前起步,以免损坏传动机件。

b.下坡起步:在一般缓坡起步时,仍可按平地起步操作要领操作,但加速时间可大大缩短,甚至不加速。有明显的下坡或坡度较陡时,可用Ⅰ挡或Ⅱ挡起步,待手制动器解除制动后推土机有溜动时,再挂挡行驶。

②坡道停车。

a.上坡停车:操作要领与平地停车基本相同,但应注意停车时,要在抬起油门踏板的同时踏下制动踏板,使推土机完全停止;然后,将停车制动器置于制动位置,以防推土机后溜。

b.下坡停车:停车前应先松开油门踏板,运用点刹的方法减慢行驶速度;当推土机行至停车地点时,踏下制动踏板,停稳后将停车制动器置于制动位置。

在坡道停车时,如发动机不熄火,操作员不得离开驾驶室,以防因意外原因造成溜滑事故。

在坡道上一般不宜停放车辆,遇特殊情况时,应选择路面较宽、前后视距较远的地点停车、熄火。为防止停车后溜滑,一定要将停车制动器置于制动位置和用三角木或石块塞住车轮。

③坡道换挡。

a.上坡换挡。

上坡加挡:起步后,若觉得Ⅰ挡动力有余,可视情况换入Ⅱ挡行驶。其操作要领除按一般加挡要领操作外,还要注意冲速时间要长,换挡动作要迅速。由于上坡阻力大,行驶惯性消失快,冲速时间要比平地稍长,以使加挡后能保持足够的动力行驶。

上坡减挡:除按一般的减挡要领操作外,最重要的是掌握时机。减挡过早,发动机动力不能充分利用;过晚,会造成动力不足甚至停车熄火。掌握减挡时机,主要靠"听""看"来确定。"听",是听发动机声音变化;"看",是看坡度大小和行驶的速度。在行驶中当行驶速度减慢、发动机声音变低时,说明动力已不足,应迅速换入低一级挡位。推土机在上坡行驶时,由于自身重,行驶速度降低很快,故要提前减挡,稍感动力不足时就应减挡。

b. 上坡转弯换挡。

场地设置:转弯夹角不大于100°,坡度不小于8°,路宽4.7m。

操作要领:推土机驶进弯道时,应尽量靠外侧边线行驶。当铲刀与内端角度接近对齐时,两手交替向左(右)转动转向盘,在右手操纵转向盘的同时,左手迅速将变速杆准确换入所需挡位;当推土机内侧后轮达到夹角中心处时,回正转向盘继续前进。

操作要求:推土机铲刀进入弯道换挡区后,才能边转向边换挡,铲刀未出转弯换挡区前完成全部动作;推土机进入转弯换挡区内,不准压线,停车和熄火。

c. 下坡换挡。

下坡加挡:由低速挡换入高速挡时,因坡道助力,冲速时间可以缩短,变速动作要快。

下坡减挡:在下坡途中,需要由高挡换入低挡时,应采取制动的方法换挡。其操作方法是踏下制动踏板,使行驶速度逐渐降到所在挡位的最低速度时,迅速将变速杆移入低挡。

(4)通过桥梁。

桥梁因建筑材料、建筑形式及长度等不同而具有不同的特点。当推土机通过时,应根据桥梁特点采取相应的操纵方法,以确保安全。

①通过水泥、石桥。

通过水泥、石桥时,如桥面宽阔平整,可按一般驾驶要领通过;如桥面窄而不平时,应事先减速换入低速挡,以缓慢的速度通过,并注意不要为了避绕凹坑过于靠边行驶。

②通过拱形桥。

通过拱形桥时,因看不清对方车辆和道路情况,应减速、鸣喇叭,靠右边行驶,随时注意对面来车;行至桥顶更应减速,并有制动准备。切忌冒险高速冲过拱桥,以免发生事故。

③通过木桥。

通过木桥时,应降低行驶速度,缓慢行驶。遇有年久失修的木桥时,过桥前应检查桥梁的坚固程度,必要时进行加固,确保有足够的承载力后,再用低速挡过桥,并随时注意桥梁受压后的情况,若已驶入桥上并听到响声,应继续加速行驶,不宜中途停车。发现桥板松动,要预防露出的铁钉刺破轮胎。

④通过便桥、吊桥、浮桥。

这三种桥的结构特殊,一般桥面窄,通行中桥身稳定性差,特别是浮桥,所以过桥时,操作员须下车察看,确认安全时,方可缓慢通过。通过这类桥梁时,要提前换入低速挡,握紧转向盘,稳住油门踏板,平稳过桥。必要时应有专人指挥通过。切不可在桥上加速、换挡、停车。通过钢轨便桥,一定要准确估计轮胎位置,握紧转向盘,徐徐通过。

桥面上如有泥泞、冰雪,过桥时可能有发生侧滑的危险,必须谨慎驾驶,从桥面中间慢慢通过,必要时还应挂上后桥驱动。若桥面过滑,应清除泥泞、冰雪或铺垫一层沙土、草袋等,切勿冒险行驶。

(5)通过铁路、隧道和交叉路口。

①通过铁路。

a.通过铁路与公路交叉路口时,要提前降低行驶速度,密切注意两边有无火车驶来,严格服从道口管理人员的指挥。

b.在通过无人看管的道口时,要切实做到"一慢、二看、三通过",严禁与火车抢行,以确保安全。若在道口等待通过时,应尾随前车依次纵列停放,不可超越抢前而造成交通堵塞。

c.穿越铁路时,应匀速通过,不得在火车行驶区域内停车、熄火或滑行。一旦在火车行驶区域内发生故障,必须采取应急措施将推土机拖出,不得在道区内停留。在通过铁路时,还应注意防止轨道等凸凹物损伤轮胎。

②通过隧道、涵洞。

a.通过隧道、涵洞之前,应降低行驶速度,注意观察交通标志和有关规定。

b.通过单车道隧道、涵洞时,应先观察对方有无来车,如确有把握通过时,要适当鸣喇叭,开启灯光,稳速前进。

c.通过双车道隧道、涵洞时,应靠右边行驶,不宜鸣喇叭,特别在距离较长、车辆密度较大的隧道内,鸣喇叭会使隧道内噪声更大。

d.通过隧道、涵洞时,如有人指挥,要自觉服从,不准抢行。进出隧道,要待视力适应后,再正常行驶;必要时可停车使眼睛适应。

e.隧道内不可停车,以免阻塞交通和排放大量尾气。

③通过交叉路口和居民区。

交叉路口是车辆与车辆、车辆与行人相互交会比较集中、容易发生交通事故的地方。因此,在通过交叉路口时,必须严格遵守交通规则,提高警惕,时刻注意观察各方来车和行人的动态,并将行驶速度降到最安全的程度,随时做好停车准备。

a.通过有交通指挥的交叉路口时,一方面注意交通指挥信号的变换,另一方面把行驶速度降低,见到放行的信号后方可加速通过。

b.通过没有交通指挥的交叉路口时更要提高警惕,严格遵守车辆通行的有关规定;除了注意对面非机动车和行人、牲畜动态之外,还要注意其他方向有无机动车驶来。

c.通过居民区时,必须停车察看村镇街道宽度和弯道半径,确认可通过时,派出调整哨,并做好随时停车的准备。在居民区内一般不要停车检修,集中精力,注意过往行人、牲畜和路旁、路上空的建筑物、电线,避免发生事故。

4)复杂条件下的驾驶

(1)凹凸路驾驶。

推土机在凹凸路上行驶时,由于路面不平,车身剧烈振动,容易损坏机件。有时因振动剧烈,操作员会失去控制方向和油门踏板的能力,使推土机忽上忽下、忽左忽右,行驶速度忽快忽慢,容易发生事故。行驶中遇到这种道路时,应灵活运用以下驾驶操纵方法。

①保持正确的驾驶姿势。

在凹凸路面上行驶,操作员要保持清醒的头脑和持久的耐心,同时保持正确的驾驶姿势:上体紧贴靠背,两手握紧转向盘,尽量不使身体摆动或跳动,否则会影响均匀加速,失去对行驶方向的控制能力。在行驶中,要随时注意各部件的声响,通过后,应进行必要检查和修理。

②匀速通过。

通过连续面积小的凹凸路面或"搓板路"时,应保持适当的速度匀速前进,以减少推土机振动。通过一般不高的横向凹凸路段,可使推土机成斜角驶过,使左右轮分别先后接触障碍物,避免两轮同时振跳及胎面与沟沿的垂直切削,以减小对推土机的冲击力。在可能引起跳动的不平道路上,应用低速挡以平稳的速度通过。

③减速通过。

通过一般凹凸障碍物时,应及时降低速度,同时注意观察其形状和位置,以确定通过方法。如果障碍物在路中间,其两侧可通过车辆时,应选择较安全的一侧通过,如图 2-16 所示;如果障碍物在路中间,高度小于推土机最小离地间隙,且其宽度小于轮距时,可使推土机左右轮位于障碍物两侧缓慢通过;当障碍物高于最小离地间隙,且宽于轮距又坚硬时,应换低速挡,使一侧轮胎压在障碍物较低一面,另一侧轮胎压在平路上,缓慢通过。

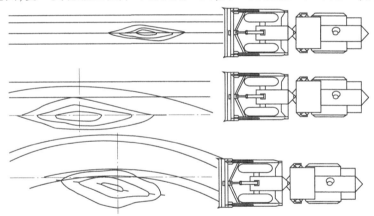

图 2-16 通过凹凸障碍物

通过凸形障碍物时(图 2-17),应先制动,在接近障碍物时,换用低速挡缓慢行驶,要使两前轮正面同时接近障碍物,以免机架受到过大的扭转;当前轮抵触障碍物时应加快速度,使前轮驶上障碍物;当前轮刚越过障碍物顶端时,放松油门踏板,让前轮自然滑下,然后用同样方法,使后轮通过障碍物,再继续前进。

a)前轮接触障碍物时加速　b)待前轮上障碍物后松开油门踏板使前轮自行下滑　c)加速使后轮上障碍物　d)松开油门踏板使后轮自行下滑

图 2-17 通过凸形障碍物

通过凹形障碍物时(图2-18),应预先放松油门踏板,运用间歇制动的方法使行速减慢,利用推土机惯性慢慢前进,待前轮进入沟底时再加速;如感到动力不足,应迅速换入低速挡,使前轮通过,待后轮越过后即放松油门踏板,使后轮慢慢下沟,然后再加速通过。

a)松开油门踏板利用惯性使前轮驶入凹坑　　b)加速使前轮驶出凹坑　　c)松开油门踏板使后轮驶入凹坑　　d)加速使后轮驶出凹坑

图2-18　通过凹形障碍

行驶中如突然遇到较大的凹形障碍物,应立即放松油门踏板,迅速制动使行驶速度很快降低,紧握转向盘,待临近障碍物时,放松制动踏板,利用推土机惯性低速通过。切忌使用紧急制动,以免加大前桥负荷。

推土机通过凹坑时,应从一侧绕行,如因地形限制不能绕行,可视凹坑形状大小,自行推填坡路通过。通过坡路应选择坡度缓、土方量小的地段进行。

遇有较小的凹坑时,如坑的四周容易取土,可推土填坑,构筑简易通路;如果填土困难,可在坑内开辟道路。遇到坑大且深的弹坑时,尽量在坑的一侧,采用半挖半填的方法开挖道路。如必须从坑的中部通过,应采用斜进斜出的方法开辟坡道。进坑坡道可稍陡些,但出坑坡道要缓,其坡度不应大于20°。采用半挖半填的方法开挖道路时,填方一侧的土要高一些,以防止轮胎下陷。

通过挖填路段时,要挂上后桥驱动,用Ⅰ挡靠压实方一侧行驶;在行驶中要提高警惕,时刻注意轮胎是否下陷或机身是否歪斜,如发现轮胎下陷或机身歪斜,要立即后退离开下陷区,待继续填土和压实后再前进。

(2)泥泞路和沼泽地驾驶。

推土机在泥泞路和沼泽地上行驶,车轮容易陷入泥泞之中,阻力增大,附着力减小,各轮容易发生空转和横滑,给正常驾驶带来一定困难。其行驶的正确操作方法如下。

①尽量选择使车轮左右同高、泥泞浅、坡度小、路面较干燥、平坦、坚硬、有前车车辙的地方保持直线行驶(沼泽地应避开前车车辙)。如果从泥泞较深的地方通过,应保持充足的动力,并注意不使推土机底盘部分碰及地面凸出物。

②采用低速挡行驶,保持足够的动力匀速通过,中途尽量避免换挡和停车。

③行驶中发生横滑时,应立即降低速度,同时将转向盘向后轮滑动的同一方向转动,以调整推土机行驶方向,避免继续横滑;待车轮与车身的方向一致后,再将推土机驶入正道。横滑时不可紧急制动,乱打方向,以免发生更大幅度的横滑。

④车轮陷入泥泞打滑时,应视道路情况将推土机向后倒一点再用中速挡前冲通过;如果仍不能开出,不可继续使用此方法,以免车轮原地滑动下陷更深。有条件时,应先铺设制式器材或就便器材,如车辙板、碎石、沙子、束柴、木板等,然后通过。

⑤在泥泞地段上坡时,一般用低速平稳行驶,尽可能少换挡和不停车。下坡时,为防止推土机向下滑动,应先换入低速挡,再降低发动机转速来控制下坡速度,特别是在转弯时,应防止推土机向一侧横滑。

⑥严禁紧急制动,因为在泥泞路上行驶附着力小、制动效率低,不但不能达到制动目的,还会造成侧溜下沟或翻车、撞车等事故。

(3)冰雪地面驾驶。

推土机在冰雪地面行驶时,因轮胎附着力小,容易打滑,而积雪又增大了行驶阻力。因此,要正确掌握操作要领,避免发生事故。

①通过雪地。

a.因雪覆盖地面,道路的真实情况不易辨别,要根据路旁标志、树木、电线杆等进行判断,同时,要适当控制行驶速度,沿道路中心或积雪较浅的地方缓慢行进。当积雪深度高于前后桥,推土机难以通过时,应放下铲刀边推除厚的积雪边行驶。在转弯、坡道、河谷等地段行驶时,应特别注意行驶路线,路况稍有可疑应立即停车,待察看清楚后再继续行驶。积雪有车辙的地段,应循车辙行进,转向盘不得猛打猛回,以防偏离车辙、打滑或下陷。

b.尽量不要超车,以免发生危险。会车时,应选择比较安全的地段。如需要停车,应提早换入低速挡,缓慢地使用制动器,以防侧滑。

c.停车时间过长,轮胎可能冻结于地面,致使起步困难,因此,停车时必须选择适当地点或在轮胎下垫以树枝、草秸等物;如已冻结,应设法挖除轮胎周围的冰雪和泥土,切勿强制起步,以防损坏轮胎和传动机构。

②通过冰地。

a.推土机在冰地上起步,轮胎容易打滑,在未装防滑链起步时,要轻踏油门踏板,以减小驱动转矩,适应较小的附着力,防止轮胎滑转。如果起步困难,可在驱动轮下铺垫沙土、干草等物,以提高附着力。

b.要选适当挡位行驶,如在光滑的冰地上,应用低速挡缓慢通过;如在不甚光滑的冰地上,需要提高行驶速度时,应逐渐加速,以防轮胎滑转,影响行驶速度。

c.在冰地遇到情况或通过桥梁、窄路时,必须提早放松油门踏板,利用发动机低速的牵阻作用减速慢行,尽量避免使用制动器,特别不准紧急制动,以防推土机横滑。

d.转弯时,速度一定要慢,转弯半径要适当增大,切不可急转向,以免发生侧滑。一旦发生侧滑,其处置方法与泥泞路相同。

③通过冰冻河川。

推土机能否在冰面上行驶,主要取决于冰层的厚度和冰层与岸边的连接状况。选择冰上渡口时,在3昼夜内不同平均气温下,所需冰层厚度分别为: -10℃以下时为43cm; -5~0℃时为49cm;0℃以上(短时间内冰融化天气)时为54cm。通过冰层时应注意以下几点:

a.行驶速度不宜太快(采用Ⅱ挡即可),速度要平稳,避免急加速。

b.车队通过时,两车车距不应小于30m,前车发生故障时一般不应超越;必须超越时,其横向间隔不得少于30m。

c.在冰上不得停车和制动;必须停车时,起步比平时要更稳更慢,否则,会造成起步困难或不能起步。

d.为避免冰上打滑,轮胎应装上防滑链或缠绕防滑绳。通过冰面地段后,要及时取下防滑装置,切忌带防滑链在道路上长距离行驶。

5）夜间驾驶

夜间驾驶的行车条件和环境，有其自身的特点和规律，也有客观复杂因素为夜间安全行车带来的困难。因此，出车前必须做好检查维护工作，尤其是电气系统一定要完好；带齐必要的配件和工具；细心观察，谨慎驾驶。

（1）对道路、地形的判断。

夜间行驶可以从行速、发动机声音和灯光进行情况判断。

①当行驶速度自动减慢和发动机声音变得沉闷时，说明行驶阻力已经增大，正在上坡或驶进松软土质地段；当行驶速度自动增快和发动机声音变得轻松时，说明行驶阻力减小或正在下坡。

②当灯光投射距离由远变近时，说明推土机已接近或驶入上坡道、接近急转弯或将要到达起伏坡道或低谷地段。

③当灯光照射距离由近变远时，推土机已从弯道转入直线，或者已从陡坡道驶入缓坡道。

④当灯光离开路面时，前方可能出现急弯或接近大坑，或者由上坡驶入坡顶。

⑤当灯光由路中移向路侧时，表明前方是一般弯道；如果灯光连续移向路的两侧，说明是连续弯道。

⑥当前方出现黑影而驶近消失，说明是小坑洼；如果黑影不消失，表明路面有深坑大洼。

（2）驾驶要领。

①灯光的使用。

灯光有照明和信号两方面的作用，须根据情况灵活运用。遇到大雾或阴暗天气，白昼也要使用灯光。在城市，灯光使用时机应与路灯开闭时间一致。具体使用方法是：起步前，先开亮灯光看清道路；推土机停稳后，关闭灯光；临时停放，应开启示廓灯和后位灯，以引起其他车辆注意，防止发生意外。

在有路灯的道路上，行驶速度在 30km/h 以下时，可使用近光灯或示廓灯；在无灯光的道路上，行驶速度在 30km/h 以上时，可使用近光灯。夜间通过繁华街道时，由于各种灯光交错反射、光线较强，应降低行驶速度，改用近光灯或示廓灯；通过交叉路口时，距路口 30~35m 处，要关闭前照灯改用示廓灯，根据需要使用转向灯；雨雾中行驶，应使用近光灯，不宜使用远光灯，以免出现眩目光幕，妨碍视线。

②行速和车距的控制。

行驶中，如道路平坦、宽直、视线良好，可使用远光灯，适当加快行速；如道路不平或遇交叉路口、转弯、桥梁等复杂情况，应减速慢行，同时使用近光灯，并做好随时停车的准备。

在车队中行驶或遇有前方车辆时，要根据行驶速度适当加大行车距离。在多尘路面上跟车行驶，也应保持较大间隔，以免前车扬起的尘土妨碍视线。

③夜间会车。

夜间会车，首先降低行驶速度，选择交会地段，并做好主动让车的准备。在距离前方来车 150m 左右时，改用近光灯，控制行驶速度，靠右侧保持直线行驶；当与前车相距 100m

以内时,双方均使用近光灯,此时,应观察清楚前方地形、路线,也应顾及对方的行车路线,掌握适当的行驶位置,切不可在看不清道路的情况下,盲目转动方向,遇到与车队会车时,一般应停车让路。

④夜间超车。

夜间行驶尽量避免超车,如必须超车则跟近前车后,连续变换远近光灯,必要时以喇叭配合(一般不使用),在确定前车已让路允许超车时,方可超车。

(3)注意事项。

①如遇道路施工信号灯,应减速慢行,在险要路段和路况不明的情况下,应停车察看,弄清情况后再行驶。

②需要倒车或掉头时,必须看清进倒地形、上下及四周的安全界限,并在进倒中多留余地。

③如遇远、近光灯突然不亮,要沉着果断稳住转向盘,尽快停车,同时立即开亮示廓灯;然后,慢慢靠近右边停稳,待修复远、近光灯后再继续行驶。

④如感到十分疲劳,应就地休息,不可勉强驾驶,以防发生意外。

⑤车辆交会时,如果来车未及时变换灯光,应在减速的同时,交替使用远、近光灯示意,切不可以强烈的灯光对射,以免发生撞车事故。

⑥注意仪表工作情况和灯光工作情况,当发现仪表工作不正常,或灯光晃动、间歇性明暗时,应随时停车排除。

2.4 推土机的作业

本节以履带式推土机为例介绍推土机的作业方法。推土机的作业包括基础作业和应用作业。

2.4.1 基础作业

1)基本作业方法

推土机在作业中,按铲土、运土、卸土和回程构成一个工作循环。而具体的作业方法,则因土壤性质、作业场地形和作业方式的不同而相异。正常情况下,推土机的合理运距为(40 ± 10)m,最大不超过100m;运行坡道的坡率小于30%。按作业方式的不同,推土机基础作业可分为正铲作业、斜铲作业、侧铲作业和拖刀作业4种。

正铲作业是铲刀平面角为90°,纵向正面铲切土壤至前方卸土点的作业方法。正铲作业多用于铲土和运土方向相同时的作业,如横向构筑挖深小于1m的挖土路基,或填高小于1m的填土路基、移挖作填路基及其他同向铲运土壤的作业。

斜铲(切土)作业是铲刀平面角约为65°,纵向行驶铲切铲刀前角土壤,并随铲刀斜面将土壤卸于铲刀后角一侧的作业方法。斜铲(切土)作业多用于铲土和运土方向有一定夹角时的作业,如构筑半挖半填路基、铲除积雪、加宽原有小路、回填较长且宽度不大的土沟等作业。

侧铲作业是铲刀倾斜角在3°~5°(一侧铲刀角升高10~300mm)时正铲或斜铲作业

时的作业方法,主要用于构筑半挖半填路基,以及纵向开挖 V 形槽的作业。

在特定条件下,推土机还可以进行顶推作业和拖载作业。顶推作业是正铲铲刀在空中保持一定高度的作业方法,多用于顶推铲运机以助铲、推运直径不大的孤立块石、铲除树木及伐余根、推倒单薄且高度不大的地面建筑物的作业和实施机械互救。拖载作业是带有拖平车的轮式推土机拖载重物的作业方法,多用于拖载转运履带式机械和钢材、木材及水泥等建筑材料。推土作业时的基本作业过程如图 2-19 所示。

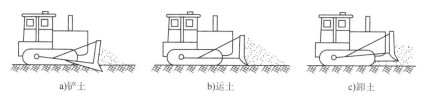

a)铲土　　　　　　　　b)运土　　　　　　　　c)卸土

图 2-19　基本作业过程

(1)正铲作业。

①铲土。

铲土作业的要求是尽量在最短时间和最短距离内使铲刀铲满土壤。铲土时,一般用Ⅰ速前进(铲松土时开始也可以用Ⅱ速),将铲刀置于下降或浮动位置,随机械的前进铲刀入土逐渐加深。铲土的深度通常是:Ⅰ级土壤为 200mm 左右,Ⅱ~Ⅲ级土壤为 100~150mm,Ⅳ级土壤为 100mm 以下。

铲土开始时,为了便于掌握,可不将变速杆或油门踏板置于最大供油位置。开始铲土后,把变速杆或油门踏板置于最大供油位置,使柴油机经常处于额定转速附近的调速特性范围运转。然后,集中精力控制铲刀操纵杆,通过观察铲土情况、车头升降趋势和倾听发动机的声音来判断升降铲刀的时机和幅度。这样可使推土机在遇到较大阻力时,由于发动机具有一定的转矩和转速储备而为提升铲刀减轻负荷提供较多的时间,同时也可减少铲刀升降次数,避免操纵中忙乱,减轻劳动强度和推土机的磨损。在作业中,每次升铲刀不可过多,否则,会在推土机前留下土堆。当推土机驶上土堆时,铲刀会卸土,越过土堆后,铲刀可能铲土过深。如此多次反复,会使铲刀铲不上土,并使铲土地段形成波浪形,影响继续铲土作业。不同的地形和不同的工程要求,应采用不同的铲土方式,以提高作业效率。

a. 直线式铲土是推土机在作业过程中,铲刀保持近似同一铲土深度,作业后的地段呈平直状态的铲土方法,又称等深式铲土。其铲土纵断面如图 2-20 所示。采用此种铲土方法作业,铲土路程较长,铲刀前不易堆满土壤,发动机功率不能被充分利用,作业效率较低,但能在各种土壤上有效作业。直线式铲土多用于作业的最后几个行程,以使作业后的地段平坦。

b. 锯齿式铲土是推土机以不断变化的深度铲土,铲土纵断面近似于锯齿状的铲土方法,又称起伏式或波浪式铲土(图 2-21)。采用这种铲土方法作业,开始时尽量使铲刀入土至最大深度,当发动机超负荷时,再逐渐升起铲刀至自然地面;待发动机运转正常后又下降铲刀进行铲土,经多次降落与提升,直至铲刀前积满土壤为止。锯齿式铲土适于在Ⅱ、Ⅲ级土壤上作业时使用。此种铲土方法,铲土距离较短,作业效率比直线式铲土高;但铲刀频繁地升降,会加重操纵及工作装置的磨损。

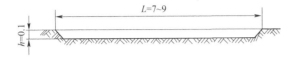
图2-20 直线式铲土(尺寸单位:m)

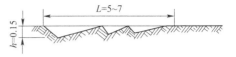
图2-21 锯齿式铲土(尺寸单位:m)

c. 楔式铲土是铲土纵断面为三角形的铲土方法,又称三角形铲土(图2-22)。采用这种铲土方法时,首先使铲刀迅速入土至最大深度,而后根据发动机负荷和铲刀前的积土情况,逐渐提升铲刀,使铲刀一次入土就能铲满土壤而转入运土。此种铲土方法,铲土路程最短,能充分发挥发动机功率,作业效率高;适于在稍潮湿的Ⅰ、Ⅱ级土壤上作业时使用。

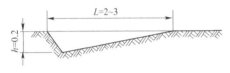
图2-22 楔式铲土(尺寸单位:m)

d. 接力式铲土是分次铲土、叠堆运送的铲土方法。其铲土的次数依土壤的种别和铲土的厚度及铲土长度而定(图2-23)。从靠近弃土处的一段开始铲土,第一次将土壤运至弃土处;第二次铲出的土壤不向前推送,而是暂且留在第一次铲土时的开挖段;第三次把所铲的土壤向前推运时,把第二次所留下的土堆一起推至弃土处。这种铲土方法,适用于土质坚硬的条件下作业,可明显地提高作业效率。

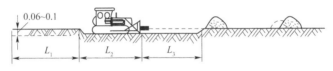
图2-23 接力式铲土(尺寸单位:m)

如在较长的地段采用接力铲土的方法,可选用2台或3台推土机,从取土处距弃土处最远一端开始铲土,以流水作业方式进行,后一台推土机给前一台推土机铲土,而前一台推土机把土运至弃土处。

②运土。

运土时,铲刀应置于浮动位置,以使铲刀能沿地面向前推运。在运土作业过程中,要始终保持铲刀满载,并以较快的速度运送到卸土地段。此时,既要防止松散土壤从铲刀两侧流失过多,又不应经常利用铲土来使铲刀满载,以影响运土的行驶速度。运土方式可分为分段式运土、堑壕式运土、并列式运土和下坡式运土。

a. 堑壕式运土是推土机在土垄或沟槽内移运土壤的方法,又称槽式运土,如图2-24所示。土垄或沟槽是推土机每次运土都沿同一条路线行进而逐渐形成的。其内宽度略大于铲刀宽度,高度或深度小于铲刀的高度,长度一般为30~50m。两条沟槽之间的土垄宽度,视土壤性质而定,以不坍塌为准。

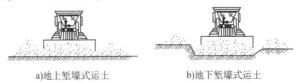
图2-24 堑壕式运土

堑壕式运土的优点是可减少运土过程中的土壤漏失,提高工效 15%～20%;缺点是推土机回程不便。因此,在运距较长、沟槽较深的情况下作业时,推土机多从槽外回程。

b.分段式运土是推土机进行长运距作业时,将运土路线分成若干段,然后由前至后分批次铲掘、堆积,并集中推运土壤至卸土点的作业方式,又称多刀式运土,如图2-25所示。通常,推土机推运土壤前进10～15m时即开始漏失,随着运距和行驶速度的加大,漏失愈加严重。这种运土方式是将长运距分成20m左右的数段,多次铲土并逐段实施运土,在未形成土壤大量漏失的情况下,就从取土点补充新土,因而不仅可增加铲土次数,还可避免和减少土壤漏失量,充分发挥机械效能,使作业率提高10%～15%。但是,分段不宜过多,否则,会因增加阶段转换时间而降低工效。分段式运土适用于运土路线需改变方向,或在运距较大时使用,多用于填筑较高的路基和开挖从路基缺口弃土的路堑。

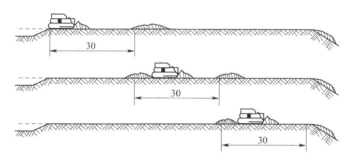

图2-25　分段式运土(尺寸单位:m)

c.并列式运土是两部以上同一类型推土机,用同一速度并排向前运土的作业方法,又称并肩式运土,如图2-26所示。采用这种方法运土,推土机两铲刀间隔在黏土地约为30cm,沙土地约为15cm。并列式运土可以减少铲刀两侧土壤的漏损,在50～80m的运距内运送土壤时,能提高工效15%～20%。并列式运土,适用于在运土正面宽、运土量大、操作员的操作技术水平较高的情况下,横向填筑路基、堆积土壤、铲除土丘和开挖大宽度的沟形构筑物。

d.下坡式运土是利用机身和土体在斜面上(图2-27)的重力分力,增大铲刀前土量的作业方法。采用这种方法运土,最大下坡推土的坡度不应超过15°,否则空车后退爬坡困难,反而使效率降低。

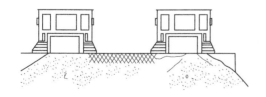
图2-26　并列式运土

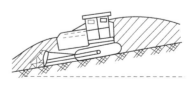
图2-27　下坡式运土

③卸土。

根据工作性质不同,卸土一般采用分层填土卸土和堆积卸土两种方法。

a.分层填土卸土是推运土壤至卸土点时,推土机在行进过程中将土壤缓慢卸出,并同时予以铺散和平整的卸土方法,如图 2-28 所示。实施分层填土卸土作业时,要根据卸土要求的厚度,使铲刀与地面保持适当的高度,以便推土机在行进过程中将卸出的土壤以相应的厚度平铺于地面。此种作业方法,能较好地控制铺土厚度,利于以后的压实作业。分层填土卸土适合在构筑填土路基、平整作业和铺散路面材料时应用。

b. 堆积卸土是将推运至卸土点的土壤,成堆地迅速卸出,而不进行铺散和平整的卸土方法,如图 2-29 所示。实施堆积卸土作业时,推土机可采用迅速提升铲刀的速举堆积法,或不提升铲刀而挤压前次卸土的挤压堆积法将土卸出。此种作业方法卸土速度快,土壤集中,对操作员的技术要求不高,适用于在弃土、集土、填塞壕沟、弹坑和构筑填土路基时应用。

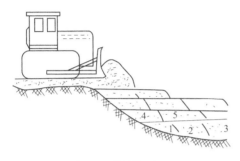

图 2-28 分层填土卸土

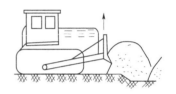

图 2-29 堆积卸土

④回程。

推土机卸土后,应以较快速度倒行驶回铲土地段。在驶回途中如有不平地段,可放下铲刀拖平,为下次运土创造条件。如果回程较长或在壕内不便倒车,可掉头驶回取土点。

(2) 斜铲作业。

斜铲作业又称切土作业,是推土机用一侧刀角铲切坡坎的土壤,并将其移运到另一侧或侧前方的作业方法,如图 2-30 所示。进行切土作业前,应将铲刀调到所需位置。以横向运土为主时,铲刀平面角需调到最小角度位置;以纵向运土为主时,平面角应调到 90°,刀角亦应向切土的一侧倾斜 5°左右。正铲推土机进行切土作业时,应在靠坡的一侧下铲刀切土,并适时校正方向或后倒,以减小切土阻力。推土机在山腹地进行旁坡切土作业需首先修筑平台。平台的宽度和长度,一般要分别大于推土机的宽度和长度。平台靠推土机自行铲土构筑,切土始点离坡角较远时,可自上而下地切土;切土始点离坡角较近时,可自下而上地铲土。活动铲推土机可调整倾斜角和平面角,使之铲切内坡并填筑外坡,因而可以减少构筑平台的作业量,并能侧向移运土壤,其作业效率较正铲推土机的作业效率高。此种作业方法在纵向铲土的同时,完成横向或斜向的运土和卸土,适合在山腹地构筑半挖半填路基、防坦克断崖和崖壁时应用。作业注意事项是:刀角入土不宜过多,避免因一侧受力过大而使机尾向坡外滑移;侧前方卸土时,铲刀不应超过松软土的坡沿,以免因重心靠前和土质松软而使机械滑坡或滚翻;倒退行驶时,应尽量靠坡的内侧运动,以免坡

图 2-30 斜铲作业

外侧的松软土壤支撑不住机械而使其滑坡;在开挖深度大于2m的地段作业,要避免坡顶一侧土壤坍塌。

2)作业运行方法

(1)直线运行。

直线运行是推土机在作业时,铲土、运土、卸土和回程基本在同一直线上进行的运行方法,如图 2-31 所示。此种作业方法,行驶路程短,前次运行可为后次运行创造好的作业条件,多同堑壕式运土配合运用。直线运行适合在集土、构筑移挖作填的路基时应用。

(2)曲线运行。

曲线运行是推土机在作业时,除铲土外,运土、卸土和回程都沿曲线进行的运行方法,如图 2-32 所示。此种作业方法,卸土方向灵活,卸土面大,可避免推土机因倒驶换向而延长作业时间。曲线运行适合在纵向开挖路堑并将挖出土壤运至道路两侧时,或由侧取上坑取土填筑高为 1.5m 以上的路基时应用。曲线运行作业时,推土机因转向一侧受力较大,特别是转向制动装置操纵频繁而磨损严重,所以,在作业时要不断地变换卸土方向,以使推土机两侧机件磨损平衡。

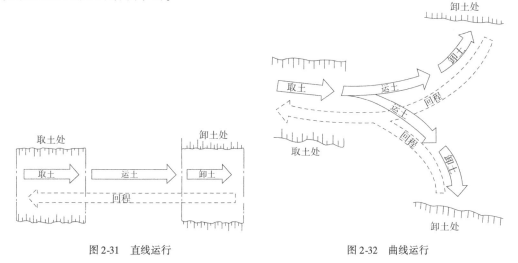

图 2-31 直线运行　　　　图 2-32 曲线运行

(3)阶梯运行。

阶梯运行是推土机在作业时,沿直线铲土、运土和卸土,沿曲线回程的运行方法,如图 2-33 所示。此种作业方法,取土位置能灵活选择,便于铲、运土作业,又因是沿直线铲土、运土和卸土,推土机各部受力均匀。阶梯运行适合在右侧取土坑取土,横向运土,填筑高为 1.5m 以下的路基,横向开挖较大断面且深度为 1.5m 以内的路堑或填塞土沟时应用。

(4)穿梭运行。

穿梭运行是推土机在作业时,沿开挖工程轴线或其平行线来回行驶,并在每次单行程行驶中,完成由工程一端向另一端铲土、运土和卸土程序的运行方法,如图 2-34 所示。此种运行方法无空驶行程,作业效率较高。穿梭运行适用于宽度不大而成垂直形,两端便于推土机调头的小型建筑地基的纵向开挖;也适用于大型挖土路基的横向开挖。

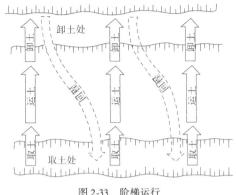

图 2-33　阶梯运行

图 2-34　穿梭运行

3）作业安全规则

要充分发挥机械的性能、确保安全,必须严格遵守操作规程和有关规定,并应根据当时当地的情况采取适当的安全措施。除遵守安全驾驶规则外,还必须遵守以下规则:

(1) 作业人员必须在作业前清楚地了解作业地区的地形情况、机械的技术状况和对工程的要求。

(2) 根据操作规程和作业地区的具体情况,必要时制订出切实可行的安全措施,作业时必须严格遵守。

(3) 非操作员不得驾驶推土机(训练时,应有教练员指导)。

(4) 作业中,人员不得站在驾驶室旁或工作装置上,不得用手触摸转动机件;行进中禁止人员上下车,停车后应将铲刀降于地面。

(5) 推土机切土作业时,应注意预防崖壁坍塌。

(6) 禁止在横坡度超过30°的地形上作业,禁止在纵坡度超过25°时上坡,禁止在纵坡度超过35°时下坡;如必须在超过爬坡性能允许的斜坡上作业或行驶,应先进行辅助作业或采取相应的安全措施。

(7) 遇有推土机陷车时,应用自带的绞盘或钢丝绳前后拖拉的办法驶出,禁止用另一部推土机的铲刀前后直接推顶,以防同时陷机。

(8) 在较高地形上向边缘推土或填塞深坑时,应不使铲刀伸出坡缘。

(9) 夜间作业应有良好的照明装置。如情况不允许,车下应有人指挥,并在危险地段设置明显标志。

(10) 推土作业中,如遇有较大阻力而不能行进,应及时提升铲刀。不得在发动机高速旋转的情况下,用冲击的方法来克服土壤阻力;在铲切冻土、推运大石块或伐树作业时,不得用铲刀撞击。

(11) 作业时,不准在机械行驶中进行维修工作。

2.4.2　应用作业

1）构筑路基作业

(1) 构筑填土路基。

①构筑方法。

构筑填土路基又称填筑路堤,是将预筑路基外的土壤移填于设计高程以下的地段,以达到道路断面设计要求的作业方法,分为横向填筑和纵向填筑两种。由路基两侧或一侧取土,沿路基横断面填筑为横向填筑,多用于平坦路段;由路基高处或路基外取土,沿路基纵轴线填筑为纵向填筑,多用于山丘坡地。实施构筑填土路基作业时,除应遵循构筑填土路基的一般要求外,还应根据运距、取土位置和填筑高度确定作业、行驶方法。

横向填筑路基的方法应视铲刀的宽度、路基的高度、取土坑允许的宽度及其位置而定。如用综合作业法单台推土机或多台推土机施工时,最好是分段进行。这样可增大工作面,便于管理,从而加速工程进度。分段距离一般为20~40m。

对于一侧取土或填土高度超过0.7m时,取土坑的宽度必须适当增大,推土机铲土的顺序,应从取土坑的内侧开始逐渐向外。推土作业的线路可采用穿梭作业法进行,如图2-35所示。在施工过程中,推土机铲土后,可沿路堤直送至路基堤坡脚,卸土后仍按原线路返回到铲土始点。这样,同一轨迹按堑壕运土法送两三刀就可达到0.7~0.8m的深度。此后,推土机做小转弯倒退,以便向一侧移位,中间应留出0.5~0.8m的土垄。然后,仍按同一方法推运侧邻的土。如此向一侧转移,直到一段路堤筑完;然后,推土机反向侧移,推平取土坑上遗留的各条小土堤。

最大运距不超过70m、填筑高为1m以下路基时,应采用横向填筑作业。作业时,可在取土坑的全宽上分层铲土、分段逐层铲土。两侧取土时,每段最好用两台推土机并以同样的作业方法,面对路中心线推土,但双方一定要推过中心线一些,并注意路堤中心的压实,以保证质量。图2-36所示为两侧取土的作业线路。

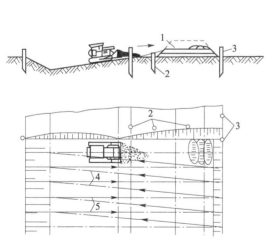

图2-35 一侧取土横向填筑路基
1-路堤;2-标定桩;3-标杆;4、5-推土机运行线

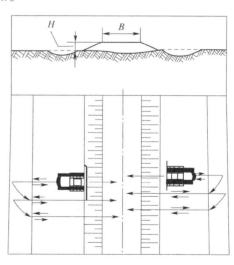

图2-36 两侧取土横向填筑路基
B-路基宽;H-路基高

填土路基的填筑高度超过1m时,推土机作业困难,为减小运土阻力,应设置运土坡度便道,如图2-37所示。便道的纵坡坡度不大于1:2.5,宽度应与工作面宽度相同,坡长为5~6m,便道的间隔应视填土高和取土坑的位置而定,一般不应超过100m。

在水网稻田地构筑填土路基时,首先要挖沟排水,清除淤泥。填筑长50m以内、高1m

以下的路基,且两端有土可取时,可用推土机从两端分层向中间填筑;填筑长 50m 以上、高 1m 以上的路基时,用铲运机或装载机、挖掘机配合运输车,铲运渗水性良好的沙性土壤或碎石,自路中心线逐渐向两侧分层填筑。必要时,用碎石、砾石、粗沙等材料,构筑厚 7～15cm 透水路基隔离层;用推土机进行平整作业。

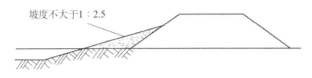

图 2-37 进出口坡道

② 注意事项。

a. 作业前,要查桩和移桩,必要时进行放大样,以保证按设计要求作业。

b. 作业时,应分层有序地铲土、填筑和压实。每层新填土的厚度为 20～30cm,一般不超过 40cm,如图 2-38 所示。

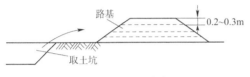

图 2-38 分层填筑

c. 采用一侧取土进行横向填筑作业时,须先从内侧开始,逐渐向外延伸,分段逐层铲运土壤,并从另一侧的路基坡角开始依次填筑,要注意填筑和压实外侧。

d. 采用两侧取土进行横向填筑作业时,双方卸土一定要过路基中心线,并注意路基中心线的压实。

e. 采用远处取土进行纵向填筑作业时,须按先从两侧后向中间的顺序,依坡度要求分层填筑。

f. 待填土达到高程后再填充中间部分,以形成路拱。

g. 填筑高 1m 以上路基时,应构筑坡度不大于 35% 的进出口坡道,以减少推土机的运行阻力和避免损坏路基边坡;待填土完毕后,推除坡道,填补路基缺口。

h. 路基填筑到设计高程后,须再运送 30～40cm 厚的土壤于路基顶面上,作为压实落沉和补充路肩缺土,如图 2-39 所示。

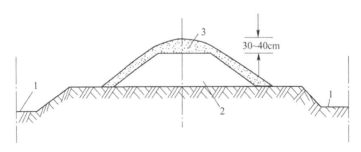

图 2-39 落沉与补肩土
1-取土坑;2-路基;3-补肩土

i. 最后须平整路面、修筑路拱并压实,修整路肩、边坡和取土坑。从两侧取土时,先取低的一侧,后取高的一侧。

j. 雨季施工时,应先取容易积水的一侧。冬季上冻期前,应尽量将取土层薄的地段施工完毕,留下土层厚的地段进行冻期施工。

(2)构筑挖土路基。

①构筑方法。

构筑挖土路基又称开挖路堑,是铲除预筑路基高程以上的余土,以形成路基的作业,分为横向开挖和纵向开挖两种。当路堑深度较大,不能进行路侧弃土时,采用纵向开挖;当路堑深度不大,且能将土运到路侧弃土堆时,采用横向开挖。推土机构筑挖土路基时,应根据作业地段挖土深度和弃土位置,确定作业方法。当挖深在1m以内时,推土机采用穿梭法进行横向分层开挖;当挖深大于1m且无移挖作填任务时,上部尽量采用横向开挖,底部纵向开挖;当挖深大于1m且有移挖作填任务时,推土机采用堑壕式运土法作业。

采取横向开挖路基时,作业可分层进行,其深度一般在2m以内为宜。如路基较宽,可以路中心为起点,采用横向推土"穿梭"作业法进行,从路堑中开挖的土壤,推到两边弃土堆,当推出一层后应掉头向另一侧推运,直到反复掉头挖完为止,如图2-40所示。若开挖的路基宽度不大,作业时可将推土机与路基中线垂直,或与路基中线成一定角度,沿路基开挖顶面全宽铲切土壤,并将土壤推运到对面的弃土处,再将推土机退回取土处,直至将路基开挖完毕。如开挖深度超过2m的深坑道路,则需与其他机械配合施工。采用任何开挖路基的作业方法,都必须注意排水问题。在将近挖至规定断面时,应随时复核路基高程和宽度,避免超挖或欠挖。通常在挖出路基的粗略外形后,再用平地机和推土机来整修边坡、边沟和整理路拱。

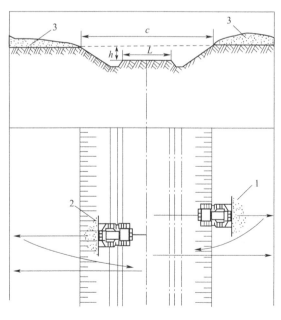

图2-40 横向构筑挖土路基

1、2-第一台、第二台推土机穿梭作业法;3-弃土堆;h-路堑深;L-路面宽;c-路堑宽

山坡地面较陡时,上坡一侧不能弃土,应向下坡一侧弃土。挖到一定深度后,可改用缺口法,如图2-41所示。缺口间距一般为50~60m,推土机将缺口位置左右的挖除土方

顺路的纵向推运,再经缺口通道推向弃土堆。

图 2-41　缺口法弃土

采取纵向开挖路基时,一般是以路堑延长在 100m 范围内,常用推土机作纵向开挖。为便于排水和提高作业效率,可采用斜坡推土。一般推土机作横向推土的运距为 40～60m,作纵向推土可到 80～120m。开挖时的程序和施工方法仍按深槽运土法,并从两侧向中间进行,根据工程要求,留出侧坡台阶。

②注意事项。

a. 作业前,要查桩和移桩,确定取、弃土位置和开辟机械、车辆的行驶路线。

b. 横向开挖时,推土机铲刀不得伸出坡缘。

c. 纵向开挖时,应按先两边后中间的顺序进行,以保持路堑边坡的整齐。

d. 路堑开挖面须经常保持两侧低中间高的断面,以利于排水。

e. 在不能保证路堑外雨水不流入路堑内的情况下,应按设计要求回填弃土缺口。

f. 作业后,修整弃土堆和翻松临时占用的农田。

(3)构筑半挖半填路基。

①构筑方法。

半挖半填路基是从预筑路基的高侧挖土,填至低侧而形成的路基。构筑半挖半填路基时,应根据作业地段横坡度的大小,确定机械的作业、行驶方法。当横坡度小于 15°时,可采用固定铲推土机阶梯运行法横向作业;当横坡度大于 15°或地形复杂时,最好用活动铲推土机旁坡切土法纵向作业。作业时应将铲刀的平面角调到 65°,倾斜角调到适当程度,然后,从路基内侧的边缘上部开始,沿路的纵向铲切土壤,并逐次将土铲运到填土部位,如图 2-42 所示。挖填断面接近设计断面时,应配以平地机修整边坡,开挖边沟,平整路面,修筑路拱,并用压路机压实路基和路面。作业地段多为山坡丘陵地,机械不宜全线展开作业,遇有岩石时,还须配以爆破作业。

如山腹坡度较陡或地形条件复杂,应设法构筑平台;而后以平台为基地,沿路线纵向铲切土壤进行填筑。作业时,靠山坡内侧应比外侧铲土稍深,使推土机向内倾,并注意留出边坡,减少超挖。

图 2-42　构筑半挖半填路基

②注意事项。

a. 作业前,要查桩和移桩,必要时进行放大样,以保证能按设计要求作业。

b. 在丛林地作业时,应先清除杂草、树木、伐余根和其他障碍物。

c. 若采用活动铲推土机作业,应事先调整好铲刀平面角和倾斜角。

d. 若采用挖掘机作业,应先用推土机构筑起挖平台。

e. 作业时,应分层有序地铲土、填筑和压实。

f. 向坡下填土时,铲刀不应伸出边缘。

g. 经常注意预防坡顶方向的落石、坡壁坍塌及坡角方向的陷落。

(4)构筑移挖作填路基。

①构筑方法。

填土路基是将预筑路基超高地段的土壤,纵向铲挖移运并填于低凹地段,而构筑形成的路基。构筑移挖作填路基时,应根据运距确定机械的作业方法。当运距为 50~100m 时,推土机采用重力助铲法铲土,堑壕式或并列式运土法运土,直线或穿梭法运行。如在移挖作填的地段上构筑路基,应先做好准备工作,即将未来路堑的顶端和填挖衔接处,以及在路的两侧用标杆或用就便器材进行标示;铲除挖土地段的障碍,设好填土地段的涵管等。在挖土地段上构筑路基,下坡铲运弃土少,最为经济。作业时,应分层开挖,分层填筑,每层厚度在 0.4m 左右,如图 2-43 所示。

图 2-43 构筑移挖作填路基

②注意事项。

a. 作业前,要查桩和移桩,标示未来路堑的顶端终点和填挖衔接处。

b. 必要时清除作业地段的障碍物,设置填土地段的涵管。

c. 作业中,应注意分层有序地进行纵向开挖和填筑,每层填土厚度为 30~40cm。

d. 开挖土质坚硬或含有大量砾石的路段,需用松土器疏松。

e. 遇有岩石,可用凿岩机穿孔后实施爆破。

f. 当挖、填接近达到设计断面时,应用平地机铲刮侧坡、开挖边沟、修整路面,用压路机压实路基和路面,必要时平整弃土场的弃土。

2)铲除障碍物作业

(1)清除树木和树墩。

进行土方作业时,常会遇到树木、树墩等妨碍作业的障碍物,作业前应将其推除。由于树木、树墩的粗细和大小各不相同,推除时应根据具体情况,采用以下不同的作业方法。树木直径在 10~15cm 之间时,铲刀应切入土 15~20cm,以Ⅰ速前进,可将其连根铲除,如图 2-44 所示。伐除直径为 16~25cm 的独立树木时,应分两步伐除:先将铲刀提升到最大高度(铲土角调整为最小),推土机以Ⅰ速进行推压树干;当树干倾倒时,将推土机倒回,而后将铲刀降于地面,以Ⅰ速前进,当铲刀切入树根后,提升铲刀,将树木连根拔除,如图 2-45 所示。

伐除直径为 26~50cm 的树木,其作业程序基本与上述相同,为便于推除,可采用借助土堆和切根两种方法。借助土堆法如图 2-46a)所示。即在树根处构筑一坡度在 20% 以下的土堆,推土机在土堆上将树干推倒,此时,铲刀应提升到最大高度。事先切断树根法如图2-46b)所示,即用推土机先将树根从三面切断(铲刀应入土15~20cm),然后,将铲刀提升到最大高度,将树向树根没有切断的一面推倒。土堆法和切断树根法若结合起来使用,还可推除直径更大的树木。

图2-44 铲除小树和灌木

图2-45 伐除直径为16~25cm的树木

a)借助土堆法　　　　　　　　　b)事先切断树根法

图2-46 伐除直径为26~50cm的树木

推除树墩比推除树木要困难一些,因为树墩短,铲刀的推压力臂小。推除树木直径为20cm以下的树墩时,使铲刀入土15~20cm处,以最大推力推压,如图2-47a)所示;然后,使铲刀入土15~20cm,在推土机前进中提升铲刀,将树根推除,如图2-47b)所示。若推除较大的树墩时,可先将树墩的根切断,而后再按上述方法推除。

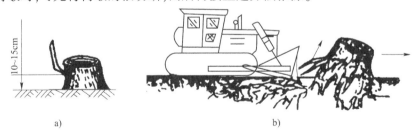

a)　　　　　　　　　　　　　　b)

图2-47 铲除直径超过20cm的伐余根

(2)清除积雪、石块和其他障碍物。

清除道路上的积雪或在雪地上开辟通路,均可用推土机进行。作业时,若使用活动铲推土机,则应从路中心纵向推运(平面角调至65°),把积雪推移到路的一侧。若使用固定铲推土机纵向推运,则需在推运过程中多次转向和倒车,将积雪推到路的一侧或两侧。条件许可的情况下,应将铲刀加宽和加高,进行横向推运。根据雪层的厚度和密度,作业时应以尽量高的速度进行。

在构筑道路时,若遇有需推除的孤石,可先将孤石周围的土推掉,使孤石暴露;推时先用铲刀试推,若推不动,就继续铲除周围的土,当石块能摇动后,将铲刀插到石块底部,根据负荷逐渐加快速度,并慢慢提升铲刀,即可推除孤石。

如使用推土机推运石渣和卵石,最好使刀片紧贴地面,履带(或轮胎)最好也在原地面上行驶。如石渣较多,推土机应从石渣堆旁边开始,逐步往石渣的中心将石渣推除。推石渣时,不论前进或倒车都要特别注意防止油底壳及变速器体被石头顶坏。

(3) 推除硬土层。

推土机在较硬的土壤上进行推土作业时,如有松土机或松土器,可先将硬土耙松;如没有松土机,也可用推土机直接开挖。用推土机铲除硬土时,须将铲刀的倾斜角调大,利用一个刀角将硬土层破开;然后,将铲刀沿地面破口处纵向或横向开挖。

推土机一边前进一边提升铲刀,掀起硬土块,逐步铲除硬土层。

3) 平整场地

推土机在行驶中铲凸填凹,使地面平整的作业方法分为铲填平整法和拖刀平整法,主要用于修整路基、平整地基、回填沟渠和铺散筑路材料。平整作业,通常开始时多采用铲填平整法,只有推土机在最后的几个行程,才采用拖刀平整法。

(1) 一般场地平整。

对于面积不太大的场地或一般地基,往外运土已接近完成,高程也基本符合设计要求时,即开始进行平整。作业时应注意下列几点:

①平整的起点应是平坦的,并自地基的挖方一端开始。若地基的挖方位置不在一端,则应由挖方处向四周进行平整。平整从较硬的基面上开始,容易掌握铲刀的平衡,不易出现歪斜。

②平整时,将铲刀下缘降至与履带支承面平齐,推土机以Ⅰ速前进,铲去高出的土壤,填铺在低凹部,如图2-48所示。一般要保持铲刀的基本满负荷进行平整,可以保证铲刀平冲,不致使地面上再现波浪形状。

图2-48 平整场地

③平整应保持直线前进,并按一定顺序逐铲进行,每一行程,均应与已平整的地面重叠0.3~0.5m。对于进行平整所形成不大的土垄,可用倒拖铲刀的方法使之平整。此时,铲刀应置于自由状态。

④在平整时,除起推点外尽量不要铲起过多的土,因此,除起推位置稍高外,其他处的高程基本合适。若不慎出现波浪或歪斜,可退回起推点,重新铲土经过该处后即可消除。

(2)大面积地基的平整。

对大面积地基的平整,操作方法与一般地基的平整基本相同,但还应注意以下几点:

①在狭长地基上可横向进行平整,太宽时可由中间向两边进行平整,方形的地基可由中心向四周进行平整。这样能缩短平整的距离。平整距离太长时,铲刀前的松土不易保持到终点,容易使铲刀切入土中,不利于平整。

②大面积平整可分片进行,特别是多台推土机参加作业时,更宜如此。这样既能提高效率,又能保证平整质量。

③平整时,不应交叉进行(单机平整其路线也不应交叉),应沿场地一边开始,向另一边逐次进行,或由中间逐次向两边进行平整。

④平整经过石方较多的地段时,应注意不要将地基内的石块铲起(可适当提升铲刀稍离开地面),否则,不易使地基迅速达到平整程度,而影响质量。

2.5 推土机的维护与常见故障排除

2.5.1 TY220型推土机的维护

1)每班维护(每工作8h)

(1)检查柴油量,不足应添加。

(2)检查冷却液量,不足应添加。

(3)检查润滑油量及质量。检查应在柴油机起动前或停车后20min后进行。油面高度应达到量油尺规定的刻线位置,不足时应添加规定牌号的润滑油。

(4)根据灰尘指示器的提示(呈红色时)清洁空气滤清器。

(5)检查调整传动皮带的张紧度。

(6)检查各部紧定密封情况。机座、进/排气歧管、导线接头和油、水管道应紧固密封,发现松脱与渗漏,应及时排除。

(7)观察运转情况。运转时,冷却液温度表、机油压力表、电流表的指针应在绿色区域;运转应平稳,排烟正常,各部无漏油、漏水、漏气、漏电现象。

(8)检查蓄电池电解液液面高度。

(9)检查密封情况。各油管、液压元件、最终传动、行走装置等密封连接处应无漏油现象。如有漏油现象,应予排除。

(10)检查连接紧固情况。行驶系统的履带板、可拆履带销、支重轮、托带轮、引导轮、驱动轮及工作装置的刀片、撑杆夹、拱形架、撑杆、液压缸等连接固定应可靠。如有松动或松旷,应紧定调整。

(11)检查灯光照明等电气线路情况。如有断线、短路及接头松动等现象,应予排除。

(12)对各润滑点加注润滑油(脂)。

(13)作业(行驶)结束后,擦拭推土机,清除各部泥土、油污;清点、整理工具、附件。

2) 一级维护(每工作 100h)

(1) 完成每班维护。

(2) 放出燃油箱底部的水分和杂质,清洗加油口滤网,滤网破损应更换。

(3) 更换燃油滤清器。

(4) 清洁空气滤清器。

(5) 更换机油滤清器。

(6) 检查柴油机冷却液 DCA4 浓度,必要时更换水滤器。

(7) 检查、清洁蓄电池,紧固连接导线。

(8) 清洁散热器。用压缩空气吹除或用压力水冲净散热器芯管表面的积尘,如积垢较多,可用铜丝刷清除。

(9) 检查增压器工作情况。拨动转子应旋转灵活、平稳,无卡滞现象,停机时在转子室处应听不到碰擦声。

(10) 检查液压油箱、液力变矩器、变速器、侧减速器、引导轮、支重轮、托带轮油液的数量,不足应添加。

(11) 更换变速器及转向离合器滤清器的滤芯。

(12) 检查履带螺栓的紧固情况。履带螺栓如有松动,应予紧固。履带螺栓的拧紧力矩为 $700 \sim 800 \text{N} \cdot \text{m}$。

(13) 检查制动踏板行程和转向离合器操纵杆行程。发动机停止时的行程为 75mm,发动机空转、踏力为 150N 时的行程为 $110 \sim 130 \text{mm}$。如制动踏板的行程超过 200mm,则应进行调整。

(14) 检查履带张紧度。推土机停在平坦的地面上,托链轮与诱导轮中间的履带板顶端距托链轮与诱导轮之间连线应有 $20 \sim 30 \text{mm}$ 的垂直距离,否则应调整。

3) 二级维护(每工作 300h)

(1) 完成一级维护。

(2) 更换柴油机机油。

(3) 检查调整气门间隙。

(4) 检查各油、水和电气元件以及各紧固件的紧固情况。

(5) 检查水泵是否泄漏。

(6) 清洗机油冷却器、清洗机油、燃油管路,清除油垢后应吹干管路。

(7) 推土机停驶 6h 后,放出变速器、主减速器、侧减速器、液压油箱内的沉淀物,按规定添加油液。

(8) 清洗液力变矩器滤清器,如有损坏应更换。

(9) 清洗变速器、转向离合器和侧减速器的通气装置。

4) 三级维护(每工作 900h)

(1) 完成二级维护。

(2) 检查 PT 泵和 PT 喷油器的性能。

(3) 清洗 PT 泵滤清器的滤网和磁芯。

(4) 检查 PT 喷油器柱塞行程。

(5) 检查节温器性能。

(6) 检查增压器轴承间隙。

(7) 清洗冷却系统。

(8) 清洗燃油箱。

(9) 过滤润滑油。趁热放净变速器、主减速器、侧减速器的润滑油,用清洗液清洗,按规定加注过滤沉淀后的润滑油。清洗液力变矩器、变速器的滤芯,滤油器的滤网或磁铁等零件如破损应更换。

(10) 过滤液压系统油液。趁热放净制动助力器和工作装置液压系统全部油液,清洗制动助力器、工作液压油箱和滤油器,滤油器滤芯损坏应更换,按规定加注过滤沉淀后的油液。

(11) 清洗支重轮、引导轮、托带轮内腔,加注齿轮油,检查其油封密封情况。

(12) 检查铲刀沉降量。

(13) 检查松土器工作情况和耙齿磨损情况。

(14) 检查液压绞盘工作情况。

(15) 对各润滑点加注润滑油(脂)。

(16) 整机修整。补换缺损的螺栓、螺母、轴销和锁销;焊补、铆合断裂及破损的部件,刀片磨损严重应换新。

5) 润滑图表

TY220型推土机结构如图2-49所示,其润滑部位及使用方法见表2-4。

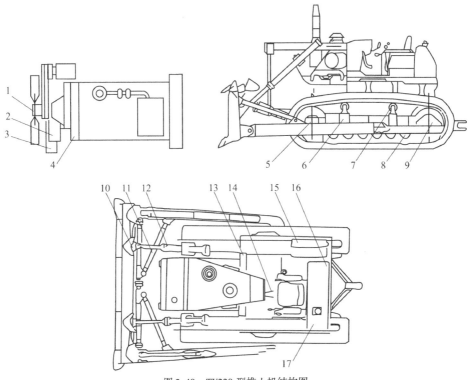

图2-49　TY220型推土机结构图

TY220型推土机润滑表　　　　表2-4

周期(h)	图中编号	润滑部位	点数	方法	润滑油脂
8	4	柴油机曲轴箱	1	检查、加添	夏季:CC-30号柴油机油; 冬季:CC-20号柴油机油
200	1	风扇转轴	1	油枪注入	2号锂基润滑脂
	2	水泵轴承	1		
200	12	铲刀撑杆	6	油枪注入	2号锂基润滑脂
	10	液压缸球铰及支承	12		
	13	变速器	1	检查、加添	CC-30号柴油机油
	16	中央传动齿轮箱	1		15号双曲线齿轮油
	17	侧传动箱	2		夏季:18号双曲线齿轮油; 冬季:15号双曲线齿轮油
	15	液压油箱	1		夏季:CC-30号柴油机油; 冬季:CC-20号柴油机油
	3	高压油泵	2		夏季:CC-30柴油机油; 冬季:CC-20柴油机油
600	11	斜支撑	2	油枪注入	锂基润滑脂
	14	各操纵杆转轴	14		
	9	驱动轮端部轴承	1		
	6	诱导轮调整杆	2		夏季:CC-40号柴油机油; 冬季:CC-30号柴油机油
	7	托链轮	4		
	8	负重轮	10		
1800	13	变速器	1	过滤沉淀,必要时更换	CC-20号柴油机油
	16	中央传动齿轮	1		
	17	侧传动箱	2		夏季:18号双曲线齿轮油; 冬季:15号双曲线齿轮油
	15	液压油箱	1		夏季:CC-30号柴油机油; 冬季:CC-20号柴油机油
	5	诱导轮	2	更换	夏季:CC-40号柴油机油; 冬季:CC-30号柴油机油
	7	托链轮	4		
	8	负重轮	10		

2.5.2　TY220型推土机常见故障原因及排除方法

TY220型推土机发动机、底盘、液压系统和电气系统的常见故障原因与排除方法见表2-5～表2-8。

发动机常见故障原因和排除方法   表 2-5

故障现象	故障原因	排除方法
发动机停后,机油压力表回不到红色范围	机油压力表接触不良	更换
机油压力表指针指在左侧的红色范围	1. 油底壳油量不足; 2. 因油管破损,管接头紧固不良而漏油; 3. 油压表不良; 4. 直通滤油器内的定位环装配不良	1. 补充到规定油量; 2. 检查、修理; 3. 更换机油压力表; 4. 重新安装
机油压力表指针指在右侧的红色范围	1. 油的黏度高; 2. 机油压力表不良	1. 更换油; 2. 换油压表
从散热器上部(压力阀)冒蒸汽	1. 冷却液不足、漏水; 2. 风扇皮带松动; 3. 冷却系统中灰尘及水垢积聚太多; 4. 散热器散热片堵塞或散热片歪倒	1. 修理、加冷却液; 2. 检查、修理; 3. 检查、清理; 4. 修理
冷却液温度指示表的指针指在右侧的红色范围内	1. 冷却液温度指示表不良; 2. 节温器不良; 3. 节温器的密封不良; 4. 水箱的加水口盖松动(高海拔地区作业时)	1. 更换冷却液温度指示表; 2. 更换节温器; 3. 更换节温器密封件; 4. 紧固盖子或更换填料
冷却液温度指示表的指针指在左侧的红色范围内	1. 冷却液温度指示表不良; 2. 传感器部分接触不良; 3. 节温器不良; 4. 寒冷时,冷风过多地吹到发动机上	1. 更换冷却液温度指示表; 2. 检查、修理; 3. 更换节温器; 4. 更换风扇,加上散热器保温罩
发动机起动困难	1. 燃油不足; 2. 燃油管内有空气; 3. 燃油泵或喷嘴故障; 4. 起动电机带动发动机转动迟缓	1. 补充燃油; 2. 修理; 3. 更换燃油泵或喷嘴; 4. 参照电器有关部分
排烟为白色或蓝色	1. 油底壳油量过多; 2. 燃油不合适; 3. 增压器漏油	1. 放油到规定油量; 2. 更换燃油; 3. 检查、修理油管
排烟为黑色	空气滤清器滤芯堵塞	清扫或更换
发动机运转不规则(有摆动现象)	燃油输油管内油空气	修理
有敲击现象	1. 劣质燃油的使用; 2. 过热; 3. 消音器内部破损	1. 更换燃油; 2. 参照冷却液温度指示表指针指在右侧的红色范围内; 3. 更换消音器

底盘常见故障原因和排除方法 表2-6

故障现象	故障原因	排除方法
变速杆难以挂挡	小制动器太灵活	调整
变速器发出"咯吱咯吱"的噪声	1. 变速器内油不足; 2. 油的黏度太低	1. 补充油; 2. 换油
液力变矩器过热	1. 风扇传动带松弛; 2. 发动机冷却液温度高; 3. 油冷却器堵塞; 4. 由于齿轮泵的磨损而出现的循环量不足	1. 检查、修理; 2. 参照发动机部分; 3. 清扫或更换; 4. 换齿轮泵
变速杆挂挡后,不起步	1. 变矩器和变速器的油压不上升; 2. 油管、管接头没拧紧,因破损混入空气或漏油; 3. 齿轮泵的磨损或卡住; 4. 变速器里的油滤器滤芯堵塞	1. 检查、修理; 2. 检查、更换; 3. 检查、修理; 4. 清扫
拉转向拉杆不能实现转向而直行	转向制动器失灵	调整
转向操纵杆沉重	1. 杆的游隙不适当; 2. 油量不足,影响转向阀失灵	1. 调整; 2. 补充油
踏下制动踏板不停车	制动器失灵	调整
履带脱落	履带过松	调整张紧力
链轮异常磨损	履带过紧或过松	调整张紧力

液压系统常见故障原因和排除方法 表2-7

故障现象	故障原因		排除方法
油泵或管路剧烈振动	1. 液压系统中有空气; 2. 油箱中油量太少; 3. 管路中接头有松动,系统内吸入空气; 4. 管路没有固定牢或管夹松动		1. 拧松放气塞,进行放气; 2. 添加油; 3. 拧紧接头; 4. 增加管夹或拧紧管夹
发动机运转正常,但操纵手柄时,机器动作很慢或不动作	流量不足	1. 油量不足; 2. 油泵进油管有松动现象或漏装密封圈,吸进空气吸不进油; 3. 油泵进出油口接反了,油泵转向不对; 4. 油泵内有问题; 5. 油太黏,吸不上油	1. 检查油量,加油; 2. 检查进油管; 3. 检查、更正; 4. 检查油泵; 5. 换油
	压力不足	1. 溢流阀、安全阀有故障; 2. 某部件有较严重的漏油现象	1. 检查、修复; 2. 修复
	操纵杆调整不当		调整
油量消耗太大	漏油、渗油		检查、修理

续上表

故障现象	故障原因	排除方法
液压油箱内产生泡沫及油呈悬浮状	1.液压油牌号不对或几种油混用; 2.混入水分; 3.液压油变质	更新新油
油温太高	1.油量不足,循环太快; 2.回油管道或润滑油道不畅,油从溢流阀回油; 3.冷却器有故障; 4.冷却器的安全阀有故障,使油不能流入冷却器冷却	1.加油; 2.检查回油路; 3.检查冷却器; 4.检查冷却安全阀,修复
铲刀提升缓慢或完全不能提升	液压油量不足或操纵阀故障	补充油

电气系统常见故障原因和排除方法　　表2-8

故障现象	故障原因	排除方法
发动机转速一定,电流表摆动大 发动机最高转速灯光也暗 发动机运转灯光闪烁	1.线路不良; 2.发动机张力调整不良	1.接头松弛,需检查修理; 2.调整皮带的张力
发动机转速提高,电流表不摆动	1.电流表不良; 2.配线不好; 3.发电机不好	1.换电流表; 2.检查、修理; 3.换发电机
合上起动开关起动器也不转动	1.配线不好; 2.起动开关不良; 3.蓄电池充电量不足; 4.蓄电池开关不好	1.检查、修理; 2.更换起动开关; 3.充电; 4.更换蓄电池
起动器带动发动机转动缓慢	1.配线不良; 2.蓄电池开关不好	1.检查、修理; 2.充电
发动机起动前,起动装置的啮合脱落	1.配线不良; 2.蓄电池开关不好	1.检查、修理; 2.充电
预热信号灯不亮	1.配线不良; 2.预热引火舌断线; 3.预热信号灯不良	1.检查、修理; 2.检查、更换引火舌; 3.更换信号灯
预热信号炽热	1.预热时间过长; 2.预热引火舌短路	1.不要多次反复起动; 2.更换预热引火舌

2.5.3　TLK220A型推土机的维护

1)每班维护(每工作8h)

(1)检查燃油量。燃油不足添加时,应先放出燃油箱底部的沉淀物和水,清洁加油器具和油箱口周围,疏通油箱通气孔。

(2)检查机油量及质量,油面应在机油尺上的标识"H"和"L"之间。

(3)检查、添加冷却液。冷却液不足时应添加,若发现添加量比平时大,应检查冷却系统是否泄漏。

(4)检查发电机传动皮带张紧度。用手指(约60N的力)下压皮带,下降位移量约10mm,超过此数据,应进行调整。当皮带磨损或延伸失去调整量,而且出现伤痕、龟裂时,应及时给予更换(两条皮带应同时更换)。更换后,应经1h的运转再进行张紧度的检查和调整。

(5)检查紧固蓄电池连接导线。

(6)检查各部紧定密封情况。机座、进/排气歧管、导线接头和油、水管道应紧固密封,发现松脱与渗漏,应及时排除。检查紧定空气滤清器和排气管等部位的连接螺栓。

(7)检查曲轴箱通风管出口及管内是否堵塞或结冰,堵塞或结冰会使通风不畅而危害柴油机。应排除堵塞或结冰,排除时可拆下通风管。

(8)观察运转情况。运转应平稳,冷却液温度、机油压力等各类指示和排烟正常,各部无漏油、漏水、漏气、漏电现象。

(9)作业结束后,应加满燃油箱的燃油。

(10)检查变速杆工作情况。变速杆应轻便、灵活,挡位变换准确。

(11)检查转向和制动器工作情况。

(12)检查变矩器、变速器、驱动桥、传动轴工作情况。变矩器、变速器、驱动桥、传动轴的连接固定可靠,变矩器、变速器、驱动桥不应渗漏。

(13)检查工作装置工作情况。刀片固定螺栓及上、斜撑杆夹紧螺栓不应松动,三角架、左、右顶推杆、液压缸连接固定可靠;各连接轴销、球铰不应松旷和卡滞;铲刀升降、倾斜灵活;液压系统工作时无过热、渗漏和噪声。

(14)按润滑表加注润滑油脂。

(15)检查轮胎有无破损,气压是否正常。

(16)作业(行驶)结束后,擦拭机械,清除各部泥土、油污;清点、整理工具、附件。

2)一级维护(每工作100h)

(1)完成每班维护。

(2)清洁或更换空气滤清器。

(3)排放燃油箱底部的水分和杂质,清洗加油口滤网,滤网破损应更换。

(4)更换燃油滤清器。

(5)更换机油滤清器。

(6)检查进气管路各抱箍是否漏气,如有漏气应旋紧螺母。

(7)检查增压器工作情况。

(8)清洁散热器。用压缩空气吹除或用压力水冲净散热器芯管表面的积尘,如积垢较多,可用铜丝刷刷除。

(9)检查变矩器、变速器油液量,不足时应添加。

(10)检查驱动桥的润滑油量,不足时应添加。

(11)检查气液总泵制动液量,不足时应添加。
(12)检查轮辋螺栓和制动盘固定螺栓紧固情况。
(13)检查制动摩擦片磨损情况,磨损到极限应更换。
(14)检查液压油数量,不足时应添加。
(15)检查提升油缸、侧倾油缸、转向油缸及液压油泵工作是否正常。

3)二级维护(每工作300h)
(1)完成一级维护。
(2)检查调整气门间隙。
(3)更换柴油机机油。
(4)清洗机油冷却器。分解机油冷却器,用清洗液清洗芯管内的油垢。芯管脱焊或腐蚀穿孔应焊补,若损坏较多则应更换新品。装复时,密封胶圈应平整,胶圈老化应更换。
(5)检查风扇工作性能和叶片的完好性。
(6)检查各仪表传感器、熔断丝及各种开关,必要时进行调整更换。
(7)紧固驱动桥与车架连接螺栓。
(8)检查转向盘自由行程,检查转向系统有无渗漏。
(9)检查调整驻车制动器间隙。
(10)清洗液压系统回油过滤器滤芯。
(11)检查悬挂油缸、电磁阀是否漏油,蓄能器气压是否符合标准值。

4)三级维护(每工作900h)
(1)完成二级维护。
(2)更换水滤器。
(3)检查水泵工作情况,如泄漏应更换。
(4)检查柴油机支撑螺栓和橡胶件。螺栓松动应紧固,橡胶件老化或损坏应更换。
(5)清洗燃油箱和油箱内滤网。
(6)检查PT喷油泵和PT喷油器性能。
(7)清洁发电机、起动机。
(8)冲洗柴油机外部油泥尘土,清洗时要保护好电器零件及孔口。
(9)更换前绞盘减速器中的润滑油。
(10)更换驱动桥齿轮油,检查驱动桥各部紧固情况及有无漏油现象,清洗通气孔。
(11)检查气液总泵,更换制动液。
(12)检查制动摩擦片磨损情况,必要时更换。
(13)检查铲刀提升油缸沉降量。
(14)校正转向和工作装置液压系统工作压力。
(15)清洗热平衡系统,检修比例阀及传感器。
(16)过滤或更换传动系统和液压系统的液压油。
(17)检查轮辋焊缝以及各受力部位。
(18)检查工作装置、车架各焊缝是否有裂纹。
(19)进行轮胎换位。按照"前后、左右"互换的原则进行轮胎换位,检查前轮前束。

5)润滑表

TLK220A 型推土机润滑图如图 2-50 所示,TLK220A 型推土机润滑表见表 2-9。

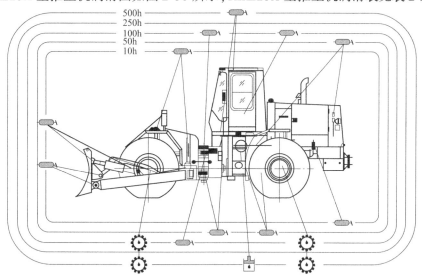

图 2-50 TLK220A 型推土机润滑图

TLK220A 型推土机润滑表 表 2-9

部　　位	牌　　号		容量(L)
	夏季	冬季	
柴油机油底壳	重庆康明斯发动机特制用油 API 15W/40 CF-4 或 CG4		42
前后桥	(GL-5)90(GB 13895—2018)或 18 号馏分型双曲线齿轮油	(GB-5)85W/90(GB 13895—2018)或 7 号馏分型双曲线齿轮油	各21
工作油箱	L-HM46 号液压油(GB 11118—2011)	L-HM32 号液压油(GB 11118—2011)	370
加力器	JG_3(GB 12981—2012)合成制动液		1
油脂润滑部位	No.2(GB 7323—2019)润滑脂	No.000	注满
燃油箱	0 号或 10 号轻柴油(GB 252—87)		420
变速器变矩器	L-TSA46 号汽轮机油(GB 11120—2011)	L-TSA32 号汽轮机油(GB 11120—2011)	40

2.5.4　TLK220A 型推土机常见故障原因及排除方法

TLK220A 型推土机传动系统、转向系统、液压系统和电气系统的常见故障原因和排除方法见表 2-10 ~ 表 2-13。

传动系统常见故障及排除方法 表 2-10

故障现象		故障原因	排除方法
变速压力低	某个挡位变速压力低	1. 该挡活塞密封环损坏; 2. 该挡油路密封圈损坏; 3. 该挡油道漏油	1. 更换密封环; 2. 更换密封圈; 3. 检修漏油处

续上表

故障现象		故障原因	排除方法
变速压力低	各挡压力均低	1. 三联阀失灵； 2. 主油泵损坏； 3. 主油道漏油； 4. 变速器滤油器堵塞； 5. 油底壳油位过低	1. 检修三联阀； 2. 检修或更换主油泵； 3. 检修主油道； 4. 清洗或更换； 5. 补充油量
变矩器油温过高		1. 油底壳油量少； 2. 变速压力低，离合器打滑； 3. 离合器活塞不能回位； 4. 回油压力过低<0.15MPa； 5. 油散热器堵塞； 6. 连续高负荷工作时间太长； 7. 油变质	1. 补充油量； 2. 参见变速压力低的解决方案； 3. 调整活塞间隙更换碟形弹簧； 4. 检修三联阀； 5. 清洗或更换散热器； 6. 停机冷却或急速停车； 7. 更换新油
变矩器齿轮箱内充满油		1. 油泵端面密封损坏； 2. 泵轮处的骨架式橡胶油封损坏	1. 检修油泵； 2. 更换油封
异常尖叫声		1. 变矩器叶片发生气蚀现象； 2. 零件有损坏或发生位移现象	1. 排除进口系统的故障，即三联阀，卡死或油路系统中的故障，若叶片损坏则应更换叶片； 2. 拆卸修理，更换零件
挂不上挡	各挡均挂不上	1. 变速压力过低； 2. 变速杆失灵； 3. 操纵阀主油道堵塞	1. 参见变速压力低的解决方案； 2. 调整检修操纵杆系； 3. 疏通油道
	制动后挂不上挡	1. 制动联动阀杆不回位； 2. 气制动总阀推杆位置不对； 3. 气制动总阀复位弹簧失交； 4. 气制动总阀活塞杆卡死	1. 检修变速器操纵阀； 2. 重新调整推杆位置； 3. 检修或更换复位弹簧； 4. 拆检制动阀活塞杆及鼓膜
	某个挡位挂不上	1. 该挡油道堵塞； 2. 该挡离合器内摩擦片卡死	1. 疏通该挡油道； 2. 检修该挡离合器
驱动力不足		1. 变速压力过低； 2. 变矩器油温过高； 3. 变矩器叶轮损坏； 4. 柴油机输出功率不足； 5. 停车制动器未松开； 6. 离合器打滑； 7. 变矩器出口油压低	1. 参见变速压力低的解决方案； 2. 参见变矩器油温过高的解决方案； 3. 更换新件； 4. 检修柴油机； 5. 松开手制动器； 6. 检查变速油压及油封； 7. 检修三联阀

第2章 推土机

转向系统常见故障及排除方法　　　　　　　　　　表2-11

故　障	发生原因	现　象	排除方法
转向沉重	油泵供油不足	慢转转向盘轻,快转转向盘沉	检修或更换油泵
	油路系统中有空气	油中有泡沫,转向盘转动时,油缸时动时不动	排除系统中空气并检查吸油管是否松动漏气
	转向器内钢球单向阀失效	快转与慢转转向盘均沉重,并且转向无压力	如有脏物卡住钢球,应进行清洗;如阀体密封带与钢球接触不良,用钢球冲击之。此外,检修稳流阀
	阀块中溢流阀压力低于工作压力,溢流阀被脏物卡住或失效,密封圈损坏	轻负荷转向轻,增加负荷转向沉	调整溢流阀压力或清洗阀,更换弹簧或密封圈
转向失灵	转向器内弹簧气折断	转向盘不能自动回中	更换已断弹簧片(有备件)
	转向器内拨销折断或变形	压力振摆明显,甚至不转动	更换拨销
	阀块中双向缓冲阀失灵	车辆跑偏或转动转向盘时,油缸缓动或不动	清洗双向缓冲阀或更换弹簧、密封圈

液压系统常见故障及排除方法　　　　　　　　　　表2-12

故障现象	故障原因	排除方法
推土铲提升缓慢和侧倾力不足	1. 系统压力偏低; 2. 吸油管及滤油器堵塞; 3. 油缸内漏; 4. 油泵有故障; 5. 系统有堵塞、节流; 6. 管路漏油; 7. 操纵阀的阀杆阀体磨损严重间隙过大	1. 系统工作压力调整到规定值; 2. 清洗换油; 3. 按自然沉降检查系统密封性,新机该值为10mm/15min; 4. 检修油泵; 5. 检修清洗液压系统; 6. 找出漏油处并排除; 7. 修理或更换操纵阀
系统压力低或无压力	1. 安全阀调压偏低; 2. 油泵或系统内漏; 3. 油泵吸空	1. 调压到规定值; 2. 更换油泵或消除系统内漏; 3. 参见油泵吸空或油面出泡沫的解决方案
油泵吸空或油面出泡沫	1. 油面过低; 2. 油泵磨损; 3. 吸油管漏气或油泵油封损坏; 4. 滤油器堵塞; 5. 油冻结或黏度过大; 6. 用油不对或油液变质	1. 加油到规定值; 2. 更换油泵; 3. 检修或更换油封; 4. 清洗滤油器; 5. 加热稀释或更换低黏度油液; 6. 按规定更换新油

续上表

故障现象	故障原因	排除方法
油温过高	1. 工作时操作不当； 2. 系统压力调整过高； 3. 管路节流； 4. 油箱储油太少	1. 停机冷却； 2. 将压力调整到规定值； 3. 疏通管路； 4. 加足油量
油缸爬行或抖动	1. 油缸动作速度过低； 2. 油缸内有空气； 3. 油缸活塞密封圈或支承环损坏； 4. 活塞杆变形； 5. 工作装置或前车架变形	1. 操纵手柄不到位； 2. 将油缸往复全行程数次，排气； 3. 更换新件； 4. 修复或更换； 5. 修复

电气系统常见故障及排除方法　　　　　　　表2-13

故障现象	故障原因	排除方法
起动电机不转动	1. 连接线接触不良； 2. 蓄电瓶充电不足； 3. 起动电路断路	1. 清洁和旋紧接线头； 2. 充电； 3. 检查60A熔断丝、起动电路及起动继电器
充电电压高、发电机发热或不发电	—	检查电路，更换发电机
灯具、喇叭、仪表等全部无电	24V电源断路	检查60A熔断丝及24V电压引入端，检查电源总开关，修复及更换元件
前照灯不亮	电路故障	检查灯泡、电路及20A熔断丝，修复及更换元件
制动灯及制动指示灯不亮	电路故障、制动灯开关坏	检查电路、灯泡、前后制动开关、熔断丝，修复及更换元件
转向灯不亮	电路故障、闪光器坏	检查灯泡、电路、熔断丝及闪光器，修复及更换元件
工作灯或后位灯不亮	电路故障、熔断丝熔断	检查灯泡、电路及熔断丝，修复及更换元件
刮水器不工作	电路故障、熔断丝熔断或电机损坏	检查有关电路及熔断丝或更换电机
监测仪监测参数显示不正常	电路故障、相应传感器损坏或监测仪有故障	检查传感器及接线，更换传感器或监测仪
计时表不走动	电路故障	检查接线及发电机是否工作正常

思考题

1. 推土机的基础作业分为哪几个过程？各过程分别有哪些方法？
2. 简要说明推土机不同的铲土方式的特点。
3. 简要说明推土机在清除树木及树墩中的作业方法。
4. 简要说明TLK220A型推土机的柴油机等级维护的主要内容。

第3章 挖 掘 机

3.1 概 述

3.1.1 用途

挖掘机是用来挖掘和装载土石的施工机械,广泛地运用于民用建筑、道路修建、水利建设、矿山开采、电力、石油等工程以及天然气管道铺设。据统计,工程施工中有60%以上的土石方量是靠挖掘机来完成的。挖掘机主要用于在Ⅰ~Ⅳ级土壤上进行挖掘作业,也可用于装卸土壤、沙、石等材料。更换不同的工作装置后,如加长臂、伸缩臂、液压锤、液压剪、液压爪、尖长形挖斗等,挖掘机的作业范围更加广泛。

3.1.2 分类

挖掘机的种类较多,可从以下几个方面来分类。

(1)按作用特征不同,分为多斗挖掘机和单斗挖掘机。

多斗挖掘机为连续性作业方式。单斗挖掘机为周期性作业方式。其中,单斗挖掘机较为常见。

(2)按动力装置不同,分为电驱动式挖掘机和内燃机驱动式挖掘机。

电驱动式挖掘机是借用外电源或利用机械本身的发电设备供电工作,使挖掘机作业和行驶,大型挖掘机多采用这种动力形式。内燃机驱动式挖掘机是以柴油机或汽油机为动力,目前大都采用柴油机。

(3)按传动装置不同,分为机械传动式挖掘机、半液压传动式挖掘机和全液压传动式挖掘机。

机械传动式挖掘机工作装置的动作是通过绞盘、钢绳和滑轮组实现,动力装置通过齿轮和链条等带动绞盘及其他机构工作,并用离合器和制动器控制其运动状态。大型采矿型挖掘机一般采用机械传动,它的结构虽然复杂,但传动效率高,工作可靠。

半液压传动式挖掘机,一般行走动力采用机械转动方式,工作装置的操纵系统采用液压传动。

全液压传动式挖掘机的工作装置和各种机构的运动均由液压电动机和液压缸带动,并通过操纵各种阀控制其运动状态。动力装置由液压泵向液压电动机和液压缸提供动力。目前,国内中小型挖掘机逐渐向液压传动方式发展。

(4)按行走装置不同,分为履带式挖掘机和轮胎式挖掘机。

履带式挖掘机越野性强,稳定性好,作业方便;但行驶速度低,机动性能差。适宜配置在工程量大而集中的地域作业。

轮胎式挖掘机行驶速度快,机动性能好,但作业时需要设置支腿支撑,结构复杂,作业费时,适宜配置在工程量较少而分散的地域作业。

3.1.3 技术参数

目前国内挖掘机以履带式挖掘机为主,轮胎式挖掘机主要用于军事工程和市政工程。生产履带式挖掘机的厂家主要有徐工集团、三一重工、山推集团、柳工集团、厦工集团、玉柴机器、詹阳机械、山河智能等,本书以典型的轮式和履带式两种挖掘机为例介绍其主要技术性能(表3-1)。

挖掘机主要技术性能　　表3-1

参　　数		机　型	
		JY633-J	JY200G
整机质量(kg)		34500	19500
轴荷分配 (kg)	前桥	—	6600
	后桥	—	12900
轮距 (mm)	前桥	—	1960
	后桥(外侧轮胎中心)	—	2150
履带中心距(mm)		—	2140
接地比压(MPa)		—	0.07
最大爬坡能力(°)		35	20
最小离地间隙(mm)		470	275
标准斗容(m³)		1.6	0.8
转盘旋转速度(r/min)		0~11	0~15
行驶速度 (km/h)	低速挡	0~2.9	0~13.4
	高速挡	0~5.1	0~50
	倒挡	—	0~13.4
柴油机	型号	6CT8.3-C205	6CTA8.3-C
	额定功率(kW)	205	172
	额定转速(r/min)	2000	2000
制造厂家		詹阳机械工业有限公司	

3.2　JY200G型挖掘机的驾驶

JY200G型挖掘机为高速轮胎式单斗液压挖掘机,具有行驶速度快、机动性能好、操纵轻便灵活、作业效率高和可靠性较好等特点。其外形图如图3-1所示。

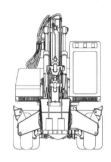

图 3-1　JY200G 型挖掘机外形图

3.2.1　基本组成

JY200G 型高速挖掘机由发动机、传动系统、行驶系统、转向系统、制动系统、工作装置及其液压操纵系统和电气系统等组成。

1）发动机

发动机为 6CTA8.3-C 型立式四冲程、水冷、直喷式柴油机。

2）传动系统

传动系统为液压机械传动方式，由变速器、传动轴、前后桥等部件组成。由柴油机上主泵输出的液压油带动变速器上的两个变量液压马达旋转，将动力传递到变速器上的两个输入轴上，操纵变速器上的啮合齿套，即可实现前进低速和高速挡，动力传递到变速器输出轴，经传动轴、主减速器、差速器和半轴后传递到轮边减速器，带动车轮转动。倒挡和低速前进挡的传递途径一样，只是液压马达反转。挂前进低速挡和倒挡时，实现全桥驱动；挂前进高速挡时，只有后桥驱动。

前后桥均由桥壳、主传动装置、差速器、半轴和轮边减速器等组成。前桥为转向驱动桥，其半轴分内、外两个半轴，两半轴通过球笼式等速万向节连接；转向节由内、外转向节和转向主销组成。后桥为驱动桥，桥壳为整体式。主传动装置为一级锥齿轮减速器；差速器为圆锥行星齿轮式；后半轴为全浮式；轮边减速器为一级直齿圆柱行星齿轮减速器。

3）行驶系统

行驶系统由车轮、车架等组成。后桥用骑马螺栓经由钢板弹簧连接在车架上。

4）转向系统

该机采用全液压、偏转前轮式转向系统，主要由油箱（与工作装置液压系统共用）、转向油泵、转向器、滤油器、流量控制阀、转向油缸、油管和转向盘等组成。

5）制动系统

行车制动系统传动机构为液压传动，制动器为蹄式。行车制动系统由齿轮泵、蓄能器、脚踏制动阀、制动总泵、制动分泵及制动管路所组成。

停车制动由停车制动阀、中央回转接头、停车制动油缸等部件组成。未放下停车制动手柄时，停车制动油缸内的油液经中央回转接头，停车制动阀后回油箱，停车制动蹄块在弹簧力作用下使变速器输出轴制动。放下停车制动手柄后，伺服油压经停车制动阀，中央回转接头后进入停车制动油缸，压缩制动弹簧，解除变速器输出轴的制动状态。此时踏下行走脚先导阀即可使挖掘机行走。

6) 工作装置

工作装置主要由动臂、斗杆和挖斗组成。动臂为折叠式,分为上动臂和下动臂,上下动臂用动臂销连接,通过调整油缸使其张开和合拢,调整油缸收到最短位置时,工作装置处于挖掘作业状态,此时分别操纵两个手动先导阀就可进行挖掘作业。调整油缸伸到最长位置和斗杆油缸收到最短位置时,工作装置处于整车行走状态,工作装置处于行走状态后,降低了整车的重心高度,开阔了操作员的视野,提高了行驶稳定性和安全性。

斗杆和上动臂之间采用了四连杆机构,增大了斗杆的转角范围,行走时将斗杆油缸缩到最小位置,斗杆上翻,使斗杆基本上平放在车架上,开阔了操作员的视野。

7) 液压系统

液压系统由两个并联变量泵、油箱、操纵阀组、液压油缸、回转装置、行走马达、中央回转接头等部件组成。

8) 先导操纵系统

先导操纵系统由齿轮泵、蓄能器、限压阀、手控先导阀、先导开关、脚踏先导阀、换挡阀等部件组成。处于挖掘作业状态后,操纵驾驶室座椅左右两边的手控先导阀,即可进行挖掘作业。当作业完毕后,操纵员离开驾驶室时,应将工作装置放置地面并将先导开关向上抬起切断伺服供油,以免发生意外。

9) 电气系统

采用24V单线负极搭铁制。整机运行的监视仪表、报警灯和电气控制开关集中布置在驾驶室右侧的操纵台上,并用图形符号标志出功能。电气控制开关大都自身具有指示灯,以指示开关当前的运行状态,开关在接通的工作状态下指示灯点亮。

导线成束并用色别标志,线间均用插接器连接。为便于维修,系统采用集中配电的方式,在液压油箱右侧设有接线盒,操纵台的导线束和电气负载元件的导线束汇集在接线盒内,以色别区分的双向式八线插接器完成导线束之间的电气连接。本系统由电磁搭铁开关接通和断开整机电源,以熔断丝对各电气回路实现过载和短路保护。

3.2.2 操纵装置和仪表的识别与运用

1) 座椅

座椅安装在驾驶室中部,可根据需要进行上下、前后调节使操作人员能在舒适的情况下进行挖掘机的操作。

2) 行驶部分操作机构

转向盘装在座椅前方,在转向盘的右下方装有行走速度阀和脚踏制动阀,驾驶室右部仪表盒上装有喇叭按钮,换挡阀位于仪表盒后边,在座椅右后方装有油门控制手柄。

3) 作业部分操纵机构

座椅左侧伺服盒内侧装有伺服油路开关,前上部装有斗杆、回转操纵手柄,座椅右侧伺服盒上装有动臂、铲斗操纵手柄,手柄顶部装有喇叭按钮,转向盘左侧装有支腿、开合油缸操作手柄。

4) 仪表

仪表盒装在驾驶室前方,仪表盒上装有起动开关及各种指示灯等。操纵装置如图3-2

所示。部分操纵装置的使用方法见表3-2。

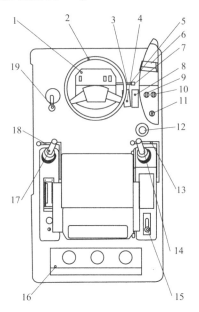

图 3-2 操作装置

1、6-仪表盘；2-转向盘；3-转向灯开关；4-脚制动阀；5-刮水器开关；7-喷淋器和喇叭开关；8-行走速度阀；9-空调开关；10-臂灯开关；11-起动开关；12-换挡阀；13-停车制动；14-右先导阀；15-油门；16-空调；17-左先导阀；18-伺服开关；19-动臂开合及支腿先导阀

部分操纵装置的使用方法　　　　　　　　表 3-2

图中编号	名　称	使 用 方 法
3	转向灯开关	前推-左转向；后拉-右转向
12	换挡阀	前推-快挡；后左位-慢挡；后右位-倒挡
13	停车制动	向下-制动；向上-制动解除
14	右先导阀	左-铲斗挖；右-铲斗卸；前-大臂降；后-大臂升
15	油门	拉-速度慢；压-速度快
17	左先导阀	左-左回转；右-右回转；前-斗杆伸；后-斗杆收
18	伺服开关	向上-关；向下-开
19	动臂开合及支腿先导阀	左-支腿伸出；右-支腿收回；前-动臂开；后-动臂合

3.2.3 发动机的起动与停止

1）起动前的检查

（1）燃油是否充足，各油管接头是否漏油。

（2）发动机曲轴箱、高压油泵和空气压缩机的机油是否足够，质量是否符合要求。

（3）发动机风扇皮带紧度是否正常。

（4）蓄电池电解液液面高度是否符合规定，桩柱是否牢固。

（5）液压油箱油液是否足够。

（6）变速器、差速器和轮边减速器是否漏油。

(7) 轮胎气压是否正常。
(8) 各部固定连接是否可靠。
(9) 换挡阀操纵杆是否置于空挡位置。

2) 起动

起动前将换挡阀操纵杆置于空挡位置,然后将起动钥匙插入仪表板上的起动开关内,顺时针扭转至起动位置即可起动,起动后应立即松开起动钥匙,起动钥匙自动返回到电源接通位置。

一次起动未成功时,须在30s后进行第二次起动,每次起动时间不得超过10s,以免烧坏起动马达。

柴油机起动后应再空转3~5min,使柴油机走热,然后再进行作业或行驶。

3) 停止

松开油门踏板,使发动机稳定在低速下空转几分钟;然后,拉出座椅下边的熄火拉杆或拉环,当发动机停止转动后,再将熄火拉杆或拉环送回原位。除非紧急情况,发动机不得在高速运转时突然熄火。

3.2.4 驾驶

JY200G型挖掘机的驾驶要领与TLK220A型推土机类似,这里仅介绍起步和换挡的动作要领。

1) 起步

起动发动机并空运转3~5min后,在确认安全和整机处于行驶状态的情况下,解除停车制动器(向上搬动停车制动开关),关闭伺服开关(向上抬起伺服开关手柄),然后操纵换挡阀手柄挂入合适的挡位,将油门置于合适位置,踏下行走速度阀,即可使挖掘机向前或向后行驶。

2) 换挡

JY200G型挖掘机的换挡必须在停止间进行。换挡前放松行走速度阀,使行驶速度降低,利用制动使机械停止。将变速杆换入所需的挡位,踏下行走速度阀即可。

3) 驾驶注意事项

(1) 行驶时须将座椅左边扶手盒上的先导开关向上抬起,切断工作装置的控制油压,防止误动作业装置先导手柄使作业装置产生误动作。

(2) 行驶途中下坡时,严禁柴油机熄火及空挡滑行,以免发生危险。

(3) 长时间在坡上停车时,应将制动开关向上抬起,使停车制动油缸处于制动状态,并在车轮处垫三角木。

(4) 通过不平路面及转弯时,应减速行驶。

3.3 JY633-J型挖掘机的驾驶

JY633-J型挖掘机为履带式单斗液压挖掘机,除挖掘作业外,更换工作装置后还可进行浇筑、破碎、打桩、夯实和拔桩等作业。其外形图如图3-3所示。

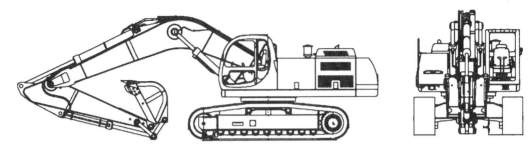

图 3-3 JY633-J 型挖掘机外形图

3.3.1 基本组成

JY633-J 型挖掘机由发动机、液压传动系统、行走机构、工作装置、电气系统和附属设备等组成。

1) 发动机

发动机为 6CTA8.3-C205 型立式四冲程、水冷、直喷式柴油机。

2) 液压传动系统

液压传动系统主要由主泵、主控制阀、回转装置、中央回转接头、行走马达、工作油缸、操纵阀、液压油箱、散热器、管路以及相关的控制装置、附件、电控元件组成。系统工作压力为 30MPa；行走时，其工作压力可增加到 34.3MPa。

(1) 主泵。

主泵由两个排量为 130mL/r、工作压力为 34.3MPa 的斜盘式轴向柱塞变量泵组成，并带有一个最大排量为 10mL/r、工作压力为 4.0MPa 的伺服齿轮泵。

主泵为斜盘式双泵串列柱塞泵，两根泵轴通过齿连接套连接，前、后泵的结构相同。泵轴通过花键与缸体连接，9 个柱塞平行插入缸体中。柴油机的转矩通过联轴器传递到泵轴，泵轴旋转时带动柱塞和缸体一起旋转，柱塞沿靴板的表面滑动，斜盘与柱塞有一定的倾角，使柱塞在缸体的孔中做往复运动时吸入与排出液压油。

(2) 主控制阀。

主控制阀内部由九块控制阀、两个负流量控制阀、两块合流阀、两个安全阀、八个过载阀等部件组成。九块控制阀分别为动臂控制阀（两块）、铲斗控制阀、回转控制阀、斗杆控制阀（两块）、行走控制阀（两块）和备用阀。控制阀有三位八通式、三位九通式及三位十通式等结构，控制方式为液控式，分别由各先导操纵阀的先导操纵压力推动阀杆，使液压泵压力油进入油缸并推动油缸做功，油缸的回油通过主控制阀返回油箱。

为提高作业效率，提高构件运动速度，动臂提升、斗杆大小腔及铲斗大小腔等都实现双泵合流。

(3) 回转装置。

回转装置由回转马达和回转减速机组成，两者连成一体，马达最大排量为 168.8mL/r，回转减速机为二级行星齿轮式，马达内装有常闭式制动片。

(4) 中央回转接头。

中央回转接头主要由上回转接头与下回转接头两部分组成。上、下回转接头分别由回转芯轴、壳体、密封圈等组成,回转芯轴安装在主平台的回转中心位置,壳体安装在下部车架的回转中心位置。当上部回转平台回转时,通往下部行走马达的油路通向不会发生变化,液压油通过芯轴和壳体的油口流到左、右行走马达。密封圈防止芯轴和壳体之间的油漏入邻近的通道。马达的快慢挡控制液压油和马达壳体回油都从中央回转接头通过。

(5)行走减速机构。

行走马达属于斜盘式柱塞马达,行走马达的最大流量为300L/min,该行走马达除了具有普通的马达驱动功能以外,还具有惯性制动、停车制动等功能。

3)行走机构

行走机构支撑挖掘机的整机质量并完成行走任务,主要由履带总成、驱动轮、托链轮、支重轮、引导轮(俗称"四轮一带")、张紧装置、行走马达等组成。

4)工作装置

工作装置主要由动臂、斗杆和铲斗组成。工作装置采用铰接式反铲结构,这种结构是单斗液压挖掘机最常用的结构形式,动臂、斗杆和铲斗等主要部件彼此铰接,在液压缸的作用下各部件绕铰点摆动,完成挖掘、提升和卸土等动作。分别操纵两个手动先导阀就可进行挖掘作业。斗杆和铲斗之间采用了六连杆机构,这种结构形式增大了铲斗的转角范围,改善了机构的传动特性。

5)电气系统

电气系统采用24V负极搭铁制,整机运行的监视仪表(彩屏显示仪表)、报警灯和电气控制开关集中布置在驾驶室前端仪表盘及左右扶手盒上,并用图形符号标示出功能。电气控制开关大都自身具有指示灯,以指示开关当前的运行状态,开关在接通的工作状态下指示灯点亮。

导线成束并用色别标识,线间均用插接器连接。为便于维修,整机采用集中配电的方式,在液压油箱右侧设有接线盒,操纵台的导线束和电气负载元件的导线束汇集在接线盒内,用以色别区分的双向式八线插接器完成导线束之间的电气连接。

电磁搭铁开关接通和断开整机电源,用熔断丝对各电气回路实现过载和短路保护。

6)附属设备

为了适应不同的作业场合需要,本机除了配备标准铲斗之外还配置了液压破碎器、液压剪、液压夯三种附属装置,另外,还可安装快速连接器,这样能够迅速地切换不同的作业装置,增强了挖掘机的快速适应能力,提高了工作效率。

要使这些附属装置都能够在本机上顺利有效地工作,在设计上采用了管路共用的方法,减少了管道的数量,增加了操纵的便捷性。另外,增添了安装模式和作业模式的转换开关,保证了作业状态下的安全性。

(1)快换连接器。

快速连接器是安装于挖掘机上、用于实现主机与各种附属装置快速有效地连接在一起的特殊装置。本机配备的快速连接器型号为HYL5500,总质量为470kg,驱动压力4~34MPa,流量10~20L/min。

(2)液压破碎器。

液压破碎器在各项施工建设中用于破碎钢筋混凝土块、石头等坚硬物质,以便装载、搬运。本机配备的液压破碎器型号为 HY3500 侧装式,总质量 2561kg,工作压力 16～18MPa,流量 170～240L/min。

(3)液压剪。

液压剪是挖掘机上配备的用于拆除钢筋混凝土建筑物、桥梁、钢架结构等施工场合的重要工作附属装置,其借用挖掘机自身的优越条件有效地完成各项拆除任务。本机配备的液压剪型号为 HYC80 360°旋转型。

(4)液压夯。

液压夯属于挖掘机的附属装置之一,它通过装载在挖掘机上,依靠挖掘机的备用液压系统提供液压油源来驱动其上的液压马达,带动凸轮旋转,实现振动以压实地面。液压夯在众多建设场合中的使用有打夯坡面路面建设、基础建筑物、坡面岸堤、管道建设中底面土壤、排水管道和岩石基面、试桩工作等方面的使用。本机配备的液压夯型号为 HYM100。

3.3.2 操纵装置和仪表的识别与运用

1)行驶部分操作机构

行走操纵手柄及踏板位置在座椅前方,行走操作手柄与踏板是连接在一起的,操作手柄和踏板的效果相同,在右先导盒上靠前装有油门旋钮,靠后方装有备用手油门。

(1)直线行走。

同时向前或向后移动行驶操纵杆(或脚踏板)可实现向前或向后直线行走。

(2)转向。

原地左转向:向后移动左行驶操纵杆(或脚踏板)同时向前推右行驶操纵杆(或脚踏板)。

原地右转向:向后移动右行驶操纵杆(或脚踏板)同时向前推左行驶操纵杆(或脚踏板)。

以左履带为轴线左转:向前移动右行驶操纵杆(或脚踏板)。

以右履带为轴线右转:向前移动左行驶操纵杆(或脚踏板)。

(3)行走制动。

缓慢松开操纵杆(或脚踏板)即可使操纵杆(或脚踏板)自动回复中心位置,此时行走制动器对挖掘机进行制动,使挖掘机停止运动。

2)作业部分操作机构

座椅左侧的先导盒下装有伺服油路开关,先导盒内装有斗杆、回转操纵手柄,手柄顶部装有机械怠速按钮,先导盒面板上装有液压附属装置的切换开关;座椅右侧的先导盒上装有动臂、铲斗操纵手柄,手柄顶部装有喇叭按钮。

(1)要操作快速连接器时,将左扶手盒上的切换开关调整到"快速连接器开"位置[图3-4a]。

(2)每次操作完快速连接器后,必须把左扶手盒上的切换开关调整到"液压剪旋转关"位置[图3-4b],否则会危及人身安全。

第3章 挖掘机

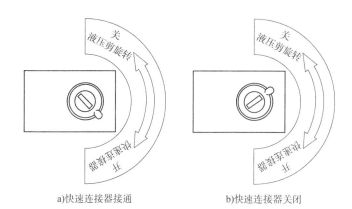

a)快速连接器接通　　　　b)快速连接器关闭

图3-4　快速连接器切换开关

从任何位置放松操纵手柄时,操纵手柄都会自动回位,相应的运动将停止。左、右先导操作手柄均可在前后左右四个方向上动作。对角线方向移动操纵杆可同时实现两种功能。

3)仪表

仪表在驾驶室在左、右扶手盒上分别集成有空调控制面板、仪表板(图3-5),部分使用方法见表3-3。监测显示仪表在驾驶室右前方(图3-6)。

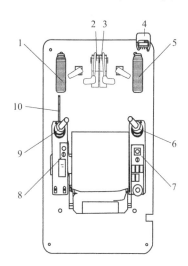

图3-5　先导操纵及仪表开关布局

1-左脚踏阀;2-左行驶操纵杆(左脚踏板);3-右行驶操纵杆(右脚踏板);4-显示仪表;5-右脚踏阀;6-右操纵手柄;7-右仪表板;8-左仪表板;9-左操纵手柄;10-先导开关手柄

部分操纵装置的使用方法　　　　表3-3

图中编号	名　　称	使 用 方 法
1	左脚踏阀	前-快速连接器锁定、液压剪顺时针转;后-快速连接器解除、液压剪逆时针转
2	左行驶操纵杆(左脚踏板)	前-左边履带前进;后-左边履带后退
3	右行驶操纵杆(右脚踏板)	前-右边履带前进;后-右边履带后退

续上表

图中编号	名　　称	使 用 方 法
5	右脚踏阀	前-液压破碎器(夯)、液压剪开;后-液压剪合
6	右操纵手柄	前-大臂降;后-大臂升;左-挖斗挖;右-挖斗卸
9	左操纵手柄	前-斗杆升;后-斗杆收;左-左转;右-右转
10	先导开关手柄	向上-先导关;向下-先导开

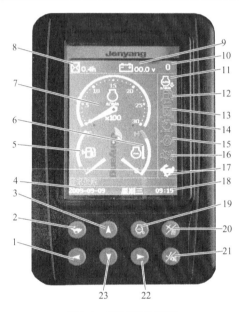

图 3-6　彩屏仪表界面图

1-左移键;2-行走高低速转换按钮;3-上/增键;4-日期时间显示区;5-燃油位;6-冷却液温度趋势显示;7-柴油机转速;8-累计工作小时;9-当前系统电压;10-油门挡位显示(1-10 档);11-自动降速显示;12-燃油含水指示;13-液压机油滤清器堵塞指示;14-空气滤清器堵塞指示;15-机油压力过低指示;16-消音指示;17-高/低速行驶指示;18-提示文字显示区;19-自动降速键;20-取消/菜单键;21-确认/消音键;22-右移键;23-下/减键

4) 座椅

座椅安装在驾驶室中部,可根据需要进行承载重量、进退调节、倾斜度调节,使操作员能在舒适的情况下操作挖掘机。

5) 空调

空调装在座椅后面,空调控制面板集成在座椅左扶手盒上(图 3-7)。

当需要制冷时,按制冷键,打开制冷功能,当室内温度低于 8℃时,长按制冷键 5s,才能进入强制制冷状态(仅冬天安装空调需要加制冷剂时,才可能使用强制制冷)。当需要制热时,按制热键,打开制热功能,初次使用制热功能前,请确认安装于柴油机上的热水阀是否打开。

风量按钮在驾驶室需要通风、使空气流动时,可按风量按钮获得所需大小的风量,风量按钮一共有三挡,如图 3-7 所示,分别为"L""M""H"挡。开启时风机处于低挡。

制冷按钮打开冷气(冷气由车载空调提供),冷气由制冷按钮控制,按钮上指示灯灭为关闭状态,亮为开启状态,冷气的大小(温度高低)由调节设定温度按钮控制。

第3章 挖掘机

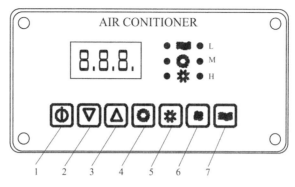

图 3-7 空调控制面板

1-空调电源开关;2-调节设定温度;3-调节设定温度;4-制冷按钮;5-制暖按钮;6-风量按钮;7-新风按钮

暖气由制暖按钮控制,按钮上指示灯灭为关闭状态,指示灯亮为开启状态,暖气的大小(温度高低)由调节设定温度按钮控制。

3.3.3 发动机的起动与停止

1)起动前的准备

(1)起动前确认先导控制切断杆处于关闭位置,确认所有操纵杆处于中立位置。

(2)将起动钥匙开关转到"通电位置",全机电源接通,观察仪表,确认监视器参数正常(无报警)。

(3)然后将钥匙开关转到"起动"位置,当柴油机起动后,应立即松开起动钥匙,钥匙自动回位到通电位置。

2)起动

钥匙开关转到"起动"位置 10s 后,即可起动柴油机。如果柴油机仍然没有起动,必须立即将钥匙开关转回"通电"位置。等待至少 2min 后再次起动,否则可能烧坏起动机。如果柴油机起动时连续 3 次失败,必须停机检查燃料系统,并排除发现的任何可能的问题。冬季气温低起动困难时,必须使用燃油加热器,先加热柴油机水温,再进行起动。

柴油机起动后应在低速下空转 3~5min,待冷却液温度和机油温度升到 50℃以上后,方可起动其他部件开始作业。

3)停止

将挖掘机停放在稳固且水平的地面上,伸出工作装置使其平直地接触地面;将速度调至最低,并让其在最小供油量下运行约 5min;把钥匙开关从"通电"位置转到"停机"位置,此时全机电源断开,柴油机停止运转;最后把先导控制切断杆拉到关闭位置。

3.3.4 驾驶

1)驾驶方法

(1)起动柴油机,并确认可以进入下一步操作。

(2)然后将踏板行程调到合适大小(中等大小)。

(3)将左右操纵杆同时前推或踏板同时前压,挖掘机前进。

(4)左右行走操纵杆同时向后拉或踏板同时后压,挖掘机后退。

(5)行走操纵杆往前推或单侧踏板前压,挖掘机为转向。将左行走操纵杆或踏板不动,右行走操纵杆前推或踏板前压,机器左转;右行走操纵杆或踏板不动,左行走操纵杆前推或踏板前压,机器右转。

2)驾驶注意事项

(1)柴油机起动前应观察挖掘机周围是否有人,确认后方可起动。

(2)柴油机运转时禁止人员进入回转范围。

(3)在行驶前应及时检查、紧固或更换松动、脱落、损坏的零部件,以保证整机的正常行驶或作业。

(4)在行驶前应检查燃料、润滑油、冷却液是否充足,不足时应予添加。在添加燃油时严禁吸烟及接近明火,以免引起火灾。

(5)在行驶前应检查电气线路绝缘和各开关触点是否良好。

(6)当挖掘机在斜坡上行走时,行走驱动轮应置于相对于行驶方向的后部,作业装置应提起使铲斗有足够的对地间隙,切勿在斜坡上横向行驶。

(7)地面高低不平时应注意观察动臂摆动的角度,挖掘机行驶时应根据路况选择适当的速度,应避开坑洼凹谷之处,防止链轮和轨链损坏。

(8)下坡时,应缓慢行驶。

(9)挖掘机向后行驶时,应有指挥人员向操作员发出信号。

(10)反光镜必须保持清洁,以改善挖掘机前后的视野,确保安全。

(11)挖掘机行驶中遇电线、交叉道、桥涵时,了解情况后再通过,必要时设专人指挥;挖掘机与高压电线的距离不得少于5m。

(12)遇到较大的坚硬石块或障碍物时,须待清除后,方可挖掘,不得用铲斗破碎石块、冻土或用单边斗齿超负荷挖掘。

(13)不使用挖掘机或中途离开驾驶室时,应将铲斗置于地面,然后将先导开关向上抬起切断控制油路,将柴油机熄火。

(14)操作员必须系好安全带,以防操作员在挖掘机倾翻时受到驾驶室内部的强烈撞击、被撞击出驾驶室或压在驾驶室下面,导致严重的伤亡。

3.4 挖掘机的作业

下面以JY200G挖掘机为例介绍挖掘机的作业内容与方法。

3.4.1 基础作业

1)作业前准备

(1)检查油箱内的工作油位,不足应加注。

(2)选择较为平整坚实的停机面,必要时可用挖掘机本身整理停机面。

(3)检查工作装置各销轴是否连接可靠。

(4)放下支腿,使机体略为离开地面后,放下停车制动开关,使前后轮处于制动状态后即可开始挖掘作业。

2）作业后的工作

（1）将平台转到与车架平行，驾驶室面对前桥。

（2）斗杆油缸全缩，使斗杆向上抬起。

（3）将动臂油缸伸到合适位置。

（4）开合油缸外伸，使工作装置向后倾翻，如开合油缸全部伸出后仍未到位，再操纵动臂油缸外伸直到工作装置到位。

（5）操纵回转和斗杆油缸将斗杆放在车架前端的托架上。

（6）收回铲斗到合适的位置。

（7）收起支腿后即可进行行驶操作。

3）作业安全规则

（1）挖掘机作业时，在回转半径和最大高度内不得有任何障碍物，禁止人员停留或通过。多台挖掘机在同一地段作业时，彼此间应留出足够的安全距离。

（2）挖掘作业时，地下不得有电缆、光缆、油、水、气管道或其他危险物品，否则，应事前处置；如遇冻土层、大石块或其他障碍物，应设法清除或采取辅助作业方法（如爆破等），不可硬挖。

（3）挖掘断崖时，应预先排除险石，以免塌落。在松软地层上挖掘沟坑时，距坑沟边沿要留出足够的安全距离，并随时观察情况，以防崩塌造成挖掘机倾翻。

（4）装车作业时，应与承装车辆规定联络信号，确定进出路线和停放位置。承装车辆驾驶员应离开驾驶室。挖斗应从车厢两侧或后方进入，禁止从驾驶室上通过。挖斗接近车厢时，应尽量放低，但须确保翻斗时不碰撞车厢。

（5）挖斗掘入土层或置于地面时，禁止回转车身（调整回转液压力除外）。不得以挖掘机的回转作用力拉动重物或以挖斗冲击物体。

（6）停止作业时，不论时间长短，都应将挖斗置于地面。

（7）不得在横坡度大于5°的地形上作业。

（8）禁止在高压线下作业，必须作业时，工作装置最高点应与高压线保持一定距离，一般10000V以上应相距5m以上，6000V以下相距3m以上；380V应距1.5m以上。

（9）夜间作业照明设备应完备，必要时应有专人指挥，在危险地段设置明显标志及护栏。

4）基本作业方法

基本作业分断续操纵和连贯操作两种方法。挖掘机是循环性作业的机械，每个作业循环由挖土、升大臂、旋转、卸土、回转和降大臂6个动作组成。所谓断续操作，是将上述6个动作分开去做，即做完一个动作后再做下一个动作。连贯操作是在挖土过程中，使挖斗、斗杆、大臂和回转操纵杆的动作能密切协调地配合起来，在尽量短的时间内，完成一个作业循环，以提高挖掘机作业效率。连贯操作的方法及配合要领如下。

（1）挖土（挖斗与大臂、斗杆操纵杆的配合）。

挖土时，首先应当降下大臂压住挖斗，使挖斗不因土壤的反作用力升起，此时大臂先导阀操纵杆必须在中立位置。挖斗开始挖后，大臂的压力使挖斗深入土中，由于土壤的阻力会使挖斗挖土的速度减慢并有停止的趋势，这时须立即稍升大臂（不放松挖斗操纵杆）。

当挖斗挖掘速度稍提高后,立即放松大臂操纵杆,使大臂不再上升。如果土壤较软或挖斗切削土层太薄而不能挖满土时,应及时稍降大臂,增大挖掘深度。如此反复,使挖斗不停地旋转挖掘,在尽量短的时间内装满土壤。

上述动作配合的关键是大臂的升降时机必须及时准确,要不早不晚,不高不低。

挖掘距挖掘机较近的土壤时,首先要收回斗杆;降低大臂,使挖斗插入土中,此时,要注视挖斗旋转的速度,及时收、伸斗杆;当挖斗旋转速度过快时,挖斗挖掘的土太少,要稍收斗杆;旋转速度过慢时,挖斗挖掘的土壤过多,要及时前伸斗杆,以保证挖斗不停地挖掘土壤。上述动作配合的关键是斗杆的运用要及时准确。

(2)旋转(大臂与回转操纵杆的配合)。

大臂与转盘回转操纵杆的配合是在转盘旋转中进行的。即在挖斗挖土结束后,立即升大臂,待挖斗离开地面时,要立即使转盘旋转,使大臂在旋转中继续升高到需要的高度。这时,操作员的注意力要观察挖斗的离地高度和挖斗前方有无障碍物,如果目测挖斗高度不能越过障碍物,要降低旋转速度或停止转动,使大臂进一步升高后继续旋转。

(3)卸土(回转与挖斗操纵杆的配合)。

回转与挖斗操纵杆的配合也是在转盘旋转过程中进行的。这时,操作员要注视挖斗的位置,待挖斗进入卸土区后,立即操纵挖斗操纵杆使之卸土;当挖斗卸土约1/2时,开始操纵回转先导阀操纵杆,使转盘回转,可使挖斗在回转中继续卸土,直到卸完为止。在这一过程中,操作员注意力要放在挖斗卸土上,如果在卸土区内挖斗不能卸完土,要暂停旋转,使挖斗卸完土后再继续旋转,如果挖斗已接触堆土,但斗内的土还未全部卸完,此时应升一下大臂后再卸土,也可边升大臂边卸土。

(4)回转(回转与大臂操纵杆的配合)。

在挖斗内的土完全卸出向挖土区回转的过程中,应迅速使大臂下降,待挖斗将要对正挖土区时,开始缓推旋转操纵杆,使挖斗平稳地停在挖土位置,并立即下降大臂,使挖斗无冲击地插入土壤中,开始下一循环的挖土作业。

挖掘机在循环作业过程中,两个先导阀操纵杆是密切配合、协调工作的,在某一时间内,两个操纵杆在同时工作,从而能使挖掘机工作装置不停地工作,达到了节省时间、减少油料消耗、提高生产率的目的。

3.4.2 应用作业

1)沟渠的挖掘

(1)直线挖掘。

当沟渠宽度和挖斗宽度基本相同时,可将挖掘机置于其挖掘的中心线上,从正面进行直线挖掘;当挖到所要求的深度后,再移动挖掘机,直至全部挖完。

(2)曲线部的挖掘。

挖掘沟渠曲线部时,可使挖掘的第一直线部分超过第二直线部分中心线,然后调整挖掘方向,使挖斗与前挖好的壕沟相衔接。这种挖掘成形的沟渠为折线形,转弯处为死角。如果需要缓角时,挖掘机则需按照曲半径中心线不断调整挖掘方向。此种挖掘方法作业率低,一般不应采用。

(3)沟渠接合部的挖掘。

挖掘沟渠接合部时,根据地形可从两端或一端按标定线开挖,直到纵向不能继续挖掘为止;然后,将挖掘机开出,再成90°停放在沟渠中心线上,从侧面继续挖掘,如图3-8所示。最后,将挖掘机开离沟渠中心线,从后部挖掘剩余部分,如图3-9所示。

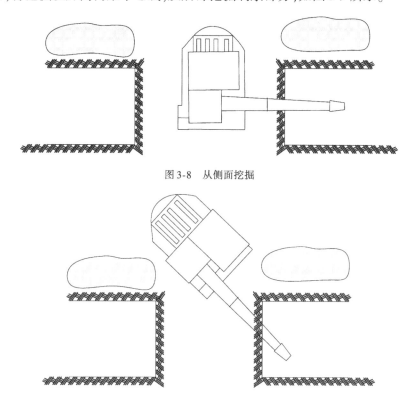

图3-8 从侧面挖掘

图3-9 从后部挖掘

2)建筑地基的挖掘

(1)小型建筑地基的挖掘。

挖掘小型建筑地基可采用端面挖掘法和侧面挖掘。

①端面挖掘。

端面挖掘是在建筑地基的一侧或两侧均可卸土的情况下采用。视地形条件,挖掘机沿建筑地基中心线一端倒进或从另一端开进作业位置,从端面开始挖掘(图3-10)。

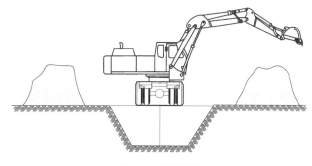

图3-10 端面开挖

端面挖掘可采用细挖法或粗挖法。

a. 细挖法：是采用两边挖掘，即将挖掘机用倒车的方法停在建筑地基的一侧，车架中心线位于建筑地基一侧标线的内侧，与标线平行，并有一定的距离，能使挖斗外侧紧靠标线，挖掘1处的土壤时如图3-11所示，以扇形面逐渐向建筑地基中心挖掘，挖出的土壤卸到靠近标线的一侧，一直挖到建筑地基所需深度为止；然后，将挖掘机调到另一侧用同样的方法挖掘2、3处的土壤；挖完后，再调到第一次挖掘的一侧挖掘4、5处的土壤。以此多次地调车将建筑地基挖完。如果建筑地基较窄，应按照1、2、3、4处的顺序进行挖掘；如果建筑地基的宽度超过6m，可先挖完一侧，即1、3、5、7、9处，再挖另一侧。此种挖掘法的特点是能将绝大部分的土壤挖出，略经人工修整即可。但由于机械移动频繁，影响作业效率。在工程任务不太重和修整人员比较少的情况下，可采用此种挖掘方法。

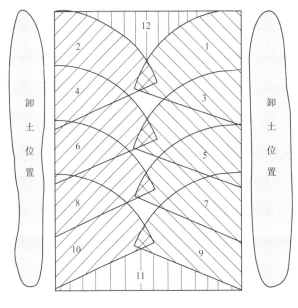

图3-11　细挖法

b. 粗挖法：是将挖掘机停在建筑地基中间，并使车架中心线与建筑地基中心线相重合，成扇形面向两边挖掘，挖出的土壤卸在建筑地基两侧或指定的位置。第一个扇形面挖完后，直线倒车、再挖第二个扇形面，但要注意与第一个扇形面的相接，直到挖完为止，如图3-12所示。此种挖掘方法能充分发挥机械的作业效率，但坑内余土量大，需要较多的人工修整，在工程任务重而修整人员多的情况下，可采用此种挖掘方法。端面挖掘因地形条件限制只能在一边卸土时，挖掘机可顺着建筑地基中心线靠卸土一侧运行，按图3-13所示方法进行挖掘，这样可以增加卸土场地的面积，利于卸土和提高作业效率。

②侧面挖掘。

挖掘机由建筑地基侧面开挖，可在下列情况下采用：一是建筑地基的断面小，挖掘机挖掘半径能够一次挖掘出建筑地基的断面，而且又只能一面卸土时采用单侧面挖掘法；二是建筑地基断面较宽，超过挖掘机挖掘半径，挖掘机只能沿建筑地基的两侧开挖时采用双侧面挖掘法。单侧面和双侧面挖掘建筑地基分别如图3-14、图3-15所示。

第3章 挖掘机

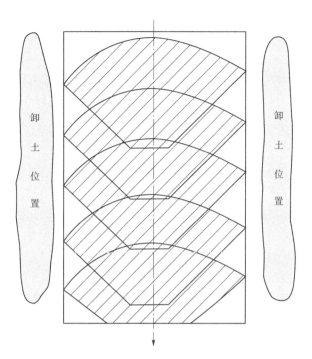

图 3-12 粗挖法

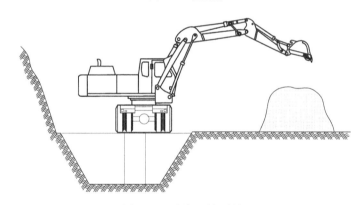

图 3-13 一侧卸土端面挖掘

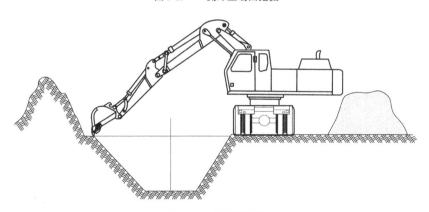

图 3-14 单侧面挖掘

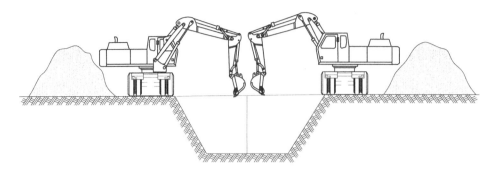

图 3-15 双侧面挖掘

从侧面挖掘建筑地基时,挖掘机应停放在坑的一侧边沿上,机械后轮可垂直于或平行于建筑地基侧面线放置。

(2)中型建筑地基的挖掘。

中型建筑地基的挖掘可采用反铲工作装置按图 3-16 所示的方法进行,但考虑到挖掘中间第 3 段时卸土有困难,可配合推土机将挖掘机卸出的土壤推出建筑地基标线以外。或配备翻斗汽车将土壤运出,以不影响第 4 段的挖掘。

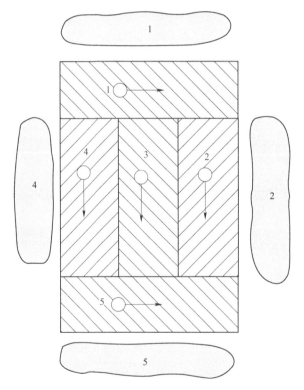

图 3-16 中型建筑地基的挖掘

(3)大型建筑地基的挖掘。

大型建筑地基的挖掘,可以根据情况,采用多行程的方式和分层挖掘达到所需断面。挖掘时,可以单机作业,也可以多机同时作业,不管是单机或多机同时作业,均需有其他不同类型的机械车辆配合实施。

①多行程的挖掘。

如图 3-17 所示,要求建筑地基两侧堆放土壤的位置要宽,沿建筑地基中心 1 挖掘的土壤必须由推土机或其他车辆配合运至远处,以不影响开挖 2、3 断面。挖掘作业时,挖掘机依地形条件采取沿建筑地基中心,向前向后行驶进入作业位置,挖掘出来的土壤堆放在 2、3 位置上,然后,由推土机推至建筑地基两侧较远处。为了提高作业效率,挖掘机和推土机应注意协同,当开始挖掘的一半土壤堆放在建筑地基的右侧,另一半堆放在左侧时,推土机即可在右侧推土,依次交替进行开挖和推运土壤。此种方法作业,挖掘机始终在 90°范围内循环工作,缩短了工作循环时间,作业率可得到提高。

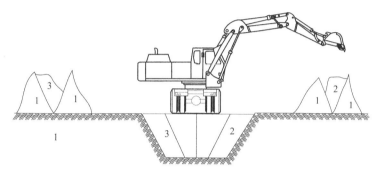

图 3-17 多行程挖掘大型建筑地基

②分层挖掘。

当大型建筑地基过深,挖掘机一次挖掘不能达到所需深度时,可采用分层挖掘的方法达到所需深度,如图 3-18 所示。

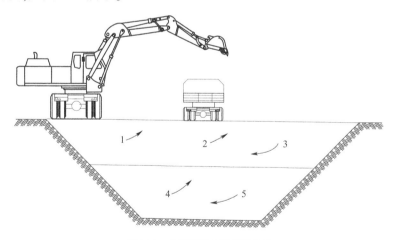

图 3-18 分层挖掘大型建筑地基

分层挖掘的次数,根据大型建筑地基的深度和挖掘机的挖掘深度而定,一般分 1~3 层挖掘,即可满足挖掘建筑地基深度的要求。若是分两层挖掘,第一层按照上述分几个行程的挖掘方法进行。如果坑底需要平整,或由推土机对进出路作业面进行粗略平整时,可根据第二层要开挖的断面,决定分几个行程继续开挖,如果分两个行程挖掘,则挖掘机首先停放在 1、2 之间,自卸车停在 2、3 之间。挖掘机以一个方向前进,并一次挖到 4 的预定深度和宽度。当沿着 4 纵断面即将挖到所需长度时,挖掘深度应减小,以便构筑斜坡,利于下一步的作业。继续开挖 5 的断面时,挖掘机停放在 2、3 之间,自卸车则停在 4 的位置上。这种作业方法,挖掘机在 90°范围内循环工作,循环时间短、作业效率较高。同时,当挖 5 的断面时,挖斗不需升得很高,即可将土壤装在车内,节省时间,有利于提高作业效率。最后,将 4 的进出路继续挖掘到所需要求。

(4)平整建筑地基和修刮侧坡。

挖掘大型建筑地基时,为了减少人工作业量和便于机械车辆在坑内通行,往往要求地面坑平且硬,此种工程一般由推土机配合完成;当没有推土机配合时,可用挖掘机平整和压实。

①平整和压实。

平整建筑地基是一种难度较大的作业,平整的关键是大臂和斗杆的密切配合,保证挖斗能沿地面平行移动,使挖斗既能挖除高于坑底面的土壤,又不破坏较硬的地面。其操纵要领是:前伸挖斗下降大臂,使斗齿向下接触地面;回收斗杆和升降大臂,使挖斗水平移动。

回收斗杆的目的,是用挖斗将松散的土壤向挖掘机方向收拢和挖除高于地面的土层。升降大臂的目的,则是保证挖斗能沿平面平行移动。因此,操作人员在平整过程中要时刻注意斗齿的位置,当斗齿不易铲刮土壤时,要及时调整挖斗高度。当发现斗齿向地平面以下伸入时,要及时稍升大臂;如斗齿位置高于所需高度,要及时稍降大臂,使大臂在平整过程中能随斗杆距地面位置的高低而升降,从而保证挖斗沿地平面平行移动。

在收斗杆过程中,如发现挖斗前方堆积较多的松土或遇到较厚的土层,要及时收斗挖除,并注意挖掘的深度,不要破坏硬土平面,否则应重新填土压实。

压实土层时,要先收回斗杆使其垂直,并使斗底平面着地,然后下降大臂,借自身的重量压实填土。如填土较厚,要分层填筑分层压实,一次填土厚度一般不大于 30cm。在压实土层时,切忌用冲击的方法夯实。

②修刮建筑地基边坡。

修刮大型建筑地基边坡,是挖掘大型建筑地基中一项必不可少的作业程序。作业前,操作员必须熟悉坡度要求,考虑好施工方案,并构筑坡度样板,或预先制作坡度样板尺,以便在施工中随时检查。

修刮边坡,要根据边坡的深浅和挖掘机数量,来选定挖掘机的停放位置。如用单机修刮较深的边坡,工作装置(挖斗)不能伸到坑底或边坡的上沿,应将挖掘机停放在边坡的上边,先修刮坡的上半部分;然后,移动挖掘机到坑底,再修刮坡的下半部分,并清除流落到坑内的土壤,使坑底平整。如用两台挖掘机修刮同一个较深的边坡,两台挖掘机要分别放在边坡的上边沿和坑底,先由上边的挖掘机修刮上半部分,下边的挖掘机修刮坡的下半部分,并负责清除坑底内的土壤,保证坑底平整。修刮浅的边坡时,工作装置(挖斗)能伸到边坡的上边沿,挖掘机要放在坑内,挖斗由上向下刮修。

修刮边坡的要领与平整建筑地基基本相同,但更应注意大臂与斗杆的配合,准确目测斗齿的高度,使其能按坡度样板的要求修刮。在修刮过程中遇有较厚的土层时,可快速深挖,清除大的土方;接近坡度要求时,要浅挖,慢挖,以便准确地达到坡度要求。

3)挖掘装车

挖掘机挖掘装车时,应按挖掘建筑地基的方法进行。挖掘机与自卸车停放位置如图 3-19、图 3-20 所示。

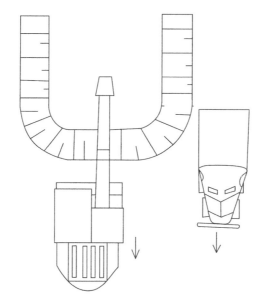

图 3-19　端面挖掘装车

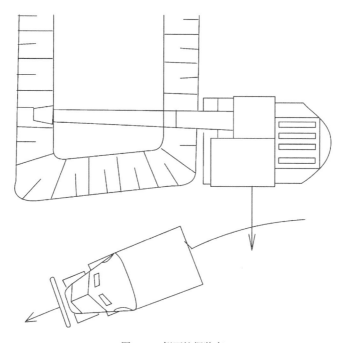

图 3-20　侧面挖掘装车

挖掘装车时应注意如下:

(1)合理安排挖土作业面。如果是一侧装车,挖土宽度过大,会使回转角度相应增加;过小会使挖掘机移位次数增多。

(2)挖掘的土层厚度要适当。过厚时应采用分层挖掘法;土层太薄时,应用推土机集拢成土堆后再进行装车作业。

(3)注意安全,避免挖掘机与自卸车发生碰撞。

3.5 挖掘机的维护与常见故障排除

3.5.1 JY200G 型挖掘机的维护

1)每班维护(每工作8h)

(1)检查燃油数量。在驾驶室里将钥匙开关转到"接通"位置,观察电气监视器上的燃油位指示值,燃油不足须添加时,应先放出燃油箱底部的沉淀物和水,清洁加油器具和油箱口周围,疏通油箱通气孔。

(2)检查机油数质量。柴油机停止运转5min后检查机油,油面应在"L"和"H"标识之间。

(3)检查冷却液。不足时应及时添加,加注时把冷却液注入冷却系统至水箱注入口颈部或膨胀槽注入颈的底部为止。

(4)检查空气滤清器。空气滤清器的受污染情况在监视器里面的报警信息栏里有显示。视情清除积尘杯灰尘,检查、清理空气滤清器滤芯,必要时更换。

(5)检查皮带。检查皮带是否跑偏或者表面损伤是否严重,皮带如有横向(皮带宽度方向)裂缝可以继续使用,有纵向(皮带长度方向)裂缝与横向裂缝交叉时不应继续使用。以约60N的手力拉挤皮带,其变位幅度值应该在8~12mm之间,通过张紧轮可以调整皮带的张紧度,调整后需试运转柴油机3~5min,以检查其张紧度是否合适。

(6)检查各部紧定密封情况。机座、进/排气歧管、导线接头和油、水管道应紧固密封,发现松脱与渗漏,应及时排除。检查紧定空气滤清器和排气管等部位的连接螺栓。

(7)检查电气系统工作情况。照明灯、信号灯、指示灯、报警灯、仪表灯、喇叭、刮水器等应接线可靠,工作良好。

(8)观察运转情况。运转应平稳,排烟正常,各部无漏油、漏水、漏气、漏电现象。

(9)检查各部件连接紧固情况,紧定松动的螺母、螺栓、轴销。

(10)检查转向操纵应轻便、灵敏。熄火后能实现手动转向。

(11)检查制动应迅速、确实、无跑偏,驻车制动器应工作良好。

(12)工作装置各动作应灵敏、无拖滞或抖动;大臂、斗臂、挖斗、液压缸等部件各铰接处不应松动或卡滞。

(13)检查有无漏油及工作油箱内是否缺油。整机所有油缸处于全缩状态时,油箱中的油位不应高于上限,但油缸伸出时,油位不应低于下限。

(14)检查所有液压系统管接头的密封情况。

(15)检查斗齿是否磨损严重或者损坏,必要时更换。

(16)向各润滑点加注润滑脂。

(17)作业(行驶)结束后,擦拭挖掘机,清除各部泥土、油污,清点、整理工具、附件,并排除工作中存在的故障。

2)一级维护(每工作100h)

(1)完成每班维护。

(2)清洁空气滤清器,更换滤芯。

(3)排放燃油箱底部的水分和杂质,清洗加油口滤网,滤网破损应更换。

(4)更换燃油滤清器。

(5)更换机油滤清器。

(6)检查进气管道的软管和管夹。根据需要旋紧或更换,确保进气系统无泄漏。

(7)检查增压器工作情况。

(8)检查所有电器的功能是否正常。

(9)清洁散热器。用压缩空气吹除或用压力水冲净散热器芯管表面的积尘,如积垢较多,可用铜丝刷刷除。

(10)检查齿轮油、液压油数质量。变速器、驱动桥、回转马达减速器、液压油箱内油液数量不足时,按规定添加。

(11)检查调整制动器间隙。松放状态时,制动摩擦片与制动鼓的正常间隙是:行车制动器为0.5~0.8mm;驻车制动器为0.5~0.6mm。

(12)检查转向盘的自由行程。转向盘的自由行程摆角为8°,否则应调整。

(13)检查底盘悬挂减震装置的工作情况。

(14)检查轮胎气压。前后轮标准气压为0.5MPa。

(15)检查、清洗液压油回油滤清器的磁芯。

3)二级维护(每工作300h)

(1)完成一级维护。

(2)检查调整气门间隙。

(3)更换柴油机机油。

(4)检查防冻液及防冻液添加剂浓度。

(5)更换水滤清器。

(6)清洗机油冷却器。

(7)检查风扇叶片有无损伤。

(8)排放齿轮油和液压油沉淀物。挖掘机停止工作6h后放出变速器、驱动桥及液压油箱内的沉淀物,按规定添加。

(9)清洗液压油滤油器。放出工作装置液压系统滤油器内的存油,用清洗液洗净滤油器内腔和滤芯,滤芯上的污物应用毛刷洗净或用压缩空气由内向外吹净,装复时应注满液压油。

(10)检查清洗液压系统回油滤清器,清洗磁芯,更换先导回路中滤清器。

(11)检查变速器,驱动桥各机件的工作情况。

(12)检查先导液压系统压力,压力为4MPa。

(13)检查空调系统工作是否正常。

4)三级维护(每工作900h)

(1)完成二级维护。

(2)清洗冷却系统。按除垢剂使用要求配好清洗液(每23L水加入0.5kg碳酸钠),加入散热器中,起动柴油机,将水套、散热器内的水垢清洗干净,停止柴油机。清洗后,将配置好的冷却液加入散热器水箱内,液体的配置为50%水+50%防冻剂。关闭散热器盖子,起动柴油机低速运转约5min,查看是否正常。

(3)检查节温器。拆下节温器,将节温器放在盛水的烧杯中加热,用温度计测量水温,良好的节温器主阀应在83℃时开始开启,95℃时应完全开启,否则,应更换新品。

(4)检查水泵是否泄漏,必要时更换。

(5)检查调整喷油泵和喷油器。

(6)检查调整供油提前角。

(7)清洗燃油箱。放尽油箱中的燃油,拆下油箱,用清洁的燃油将油箱清洗干净。

(8)检查张紧轮总成,活动臂应运动灵活。抓住皮带轮拉向张紧轮总成一边,然后放手,这时活动臂应能自由靠向皮带而没有阻滞。若张紧轮不能自由活动,应拆下张紧轮总成,检查聚四氟乙烯衬套,如已磨损应更换。

(9)清洁发电机、起动机。分解发电机、起动机,用压缩空气吹除或用布蘸汽油擦净各零件表面的碳尘或污物。换向器或滑环表面烧蚀,可用00号砂纸打磨光洁。装复时,轴承内应充满润滑脂。

(10)检查变速器、驱动桥各部件的情况,必要时检修或更换。

(11)更换齿轮油。趁热放净变速器、驱动桥、回转马达减速器内的齿轮油,清洗各箱后按规定加注齿轮油。

(12)拆检行车制动器和驻车制动器。分解行车制动器和驻车制动器,清洁后检查各零件的磨损情况,视情予以修复或更换,装复时应保持清洁并重新调整制动器间隙。

(13)检查调整轮毂轴承紧度。轮毂应转动灵活、无摆动和阻滞现象,需调整时,将车轮顶离地面,拧紧调整螺母后再退回1/6圈。

(14)进行轮胎换位。按照"前后、左右"互换的原则进行轮胎换位,以保证各轮胎磨损一致,调整前轮前束。

(15)过滤或更换液压油。过滤时趁热将工作和转向液压系统的液压油全部放出,用清洗液清洗油箱及箱内滤网,晾干后按规定加注过滤沉淀后的液压油,并排除系统内空气。

(16)测试平台回转速度。柴油机在额定转速,挖斗空载且伸至最远状态下,平台回转速度应达到15r/min,否则应查明原因排除。

(17)测量大臂、斗杆沉降量。挖斗满载,大臂、斗杆升至最高位置,大臂沉降量不大于10mm/15min,斗杆沉降量不大于20mm/15min,沉降量过大应查明原因排除。

(18)检查调整液压系统压力。工作装置液压系统压力为30MPa、转向系统压力为10MPa、回转马达安全阀开启压力为24MPa、行走马达压力为32MPa,不当应进行调整。

(19)检查蓄能器氮气压力。

(20)整机修整。补换缺损的螺母、螺栓、轴销、锁销,紧固松动的连接固定部位及线路、管路接头,校正、焊补变形破损的机件,斗齿磨损严重应更换。

5)各润滑部位及加注时间

各润滑部位用油规格、用量及加注时间见表3-4。

各润滑部位用油规格、用量及加注时间 表3-4

润滑部位	用油规格	加 油 量	更换或加注时间	备 注
发动机机油	CF-4 15W/40	18L	100h	有油标尺或油位孔的按规定加油
回转减速器	GL-5 CLC90	10L	900h	
行走变速器	GL-5 CLC90	30L	900h	
前桥	GL-5 CLC90	主传动9L,轮边3L	900h	
后桥	GL-5 CLC90	主传动9L,轮边3.3L	900h	
作业装置支腿各销轴、回转支承、传动轴等部位	锂基极压润滑脂	适量	每工作8h加注一次	
液压油箱	DTE25 美孚	400L	2000h	

3.5.2 JY200G型挖掘机常见故障原因及排除方法

JY200G型挖掘机的发动机、行走系统和液压传动系统常见故障原因和排除方法分别见表3-5~表3-7。

发动机的常见故障原因及排除方法 表3-5

故障现象	故障原因	排除方法
空气压缩机工作时噪声过大	1.空气压缩机中积炭过量; 2.空气压缩机驱动齿轮或发动机齿轮系统损坏; 3.空气压缩机内部损坏	1.检查空气压缩机中是否有积炭; 2.目测检查齿轮状况,必要时进行维修; 3.更换空气压缩机
空气压缩机泵入过量机油到空气系统中	1.空气压缩机气缸或活塞环磨损或损坏; 2.对于E型空气压缩机,ECON气门布管错误或不正确	1.检查空气压缩机排放管路; 2.更正布管或更换气门
空气压缩机空气压力上升缓慢	1.空气系统泄漏; 2.空气排气管中有过多积炭; 3.空气系统部件故障; 4.空气压缩机卸载阀总成失灵; 5.空气压缩机进气或排气阀空气泄漏	1.检查空气压缩机衬垫是否泄漏; 2.检查排气管路; 3.检查单向阀、酒精蒸发器、空气干燥器的操作等; 4.检查卸载阀操作; 5.检查进气或排气阀总成
空气压缩机不能泵送空气压力	1.空气管路泄漏严重; 2.空气调压器失灵或设置不正确; 3.空气压缩机卸载阀总成失灵	1.检查空气系统布管; 2.检查空气调压器操作; 3.检查卸载阀操作情况

续上表

故障现象	故障原因	排除方法
发电机不充电或充电不足	1.蓄电池连接松动或腐蚀； 2.蓄电池状况不好； 3.发电机皮带打滑； 4.发电机皮带轮轴松动； 5.计量仪表或指示灯失灵； 6.发电机导线松动或损坏； 7.发电机故障	1.清理/紧固蓄电池连接； 2.蓄电池负载试验如果蓄电池带电量低，对蓄电池充电再进行负载试验； 3.如果蓄电池不能通过负载试验，应更换； 4.检查/更换皮带张紧轮； 5.紧固皮带轮； 6.检查/更换仪表或指示灯； 7.修理线路； 8.更换发电机
冷却液污染	1.冷却液不防锈，没有正确混合防冻剂、DCA4和水； 2.变速器机油冷却器泄漏； 3.机油从机油冷却器、汽缸盖密封垫、汽缸盖和汽缸体中泄漏	1.排放并冲洗冷却系统，装入正确防冻剂与水的混合物；检查冷却液更换间隔； 2.检查/更换机油冷却器； 3.参考故障"机油损失"
冷却液温度高于正常温度——逐渐过热	1.冷却液液位太低； 2.散热器充气散热气片堵塞； 3.流经散热器的空气不足或受阻； 4.水泵或风扇传动皮带松弛； 5.散热器软管扁瘪，阻塞或泄漏； 6.机油液位不正确； 7.冷却风扇导风罩损坏或丢失； 8.散热器盖不正确或故障； 9.防冻液浓度过高 10.温度传感器或仪表失灵； 11.节温器不正确、丢失或失灵； 12.散热器百叶窗没有完全打开或冷天气散热器盖关闭； 13.冷却系统中有空气或燃气； 14.水泵故障； 15.散热器、汽缸盖、汽缸盖密封垫，汽缸体的冷却水套阻塞； 16.喷油泵供油过量	1.添加冷却液，确定泄漏位置并排除泄漏参考故障"冷却液损失"； 2.检查充气散热片，必要时进行清洗； 3.依照要求检查和修理风扇导风罩，风扇传感器和风扇离合器； 4.检查皮带张紧轮； 5.检查软管，必要时更换； 6.添加或排放发动机机油； 7.检查导风罩，修理/更换或安装； 8.检查散热器盖，必要时进行更换； 9.检查浓度，将部分冷却液排出，用水更换； 10.测试计量表和传感器，必要时修理或更换； 11.检查/更换节温器； 12.检查百叶窗，必要时修理或更换打开散热器盖； 13.检查泵的吸入侧软管夹子处是否泄漏，确保流入速度不超出范围；如果一直有气泡冒出，检查汽缸盖密封性； 14.测量汽缸体冷却液压力；检查/更换水泵； 15.冲洗冷却系统，灌注新的冷却液； 16.检查/更换喷油泵

续上表

故障现象	故障原因	排除方法
压缩爆震	1. 乙醚起动辅助设备故障； 2. 燃油管路中有空气； 3. 燃油质量差； 4. 发动机过载； 5. 喷油泵正时不正确； 6. 喷油器失灵	1. 修理或更换乙醚起动辅助设备； 2. 放空燃油管路中的空气，并检查吸油管是否泄漏； 3. 通过用一个装有好的燃油的临时油箱来运转发动机验证； 4. 使用低挡位验证没有超过发动机的额定负载； 5. 检查喷油泵正时； 6. 更换喷油器测试并修理
冷却液损失	1. 散热器或驾驶室加热器泄漏； 2. 发动机外部泄漏； 3. 压缩气体过热或泄漏将导致冷却液通过散热器溢流而损失； 4. 变速器冷却器泄漏； 5. 空气压缩机盖或盖密封垫泄漏； 6. 中冷器泄漏； 7. 机油冷却器泄漏； 8. 汽缸盖密封垫是否泄漏； 9. 汽缸盖开裂，有砂眼或膨胀塞泄漏； 10. 汽缸套O形环泄漏； 11. 汽缸体冷却液水套泄漏	1. 目测检查散热器，加热器软管和接头，确定泄漏位置；如果发现冷却液里有机油，检查变速器或机油冷却器是否泄漏； 2. 目测检查发动机和部件的密封，垫圈或放油塞是否泄漏； 3. 参考故障"冷却液温度高于正常温度"的解决方案； 4. 检查冷却液和变速器液体是否混合； 5. 检查在机油中是否有冷却液检查/更换空气压缩机盖或密封垫； 6. 检查/更换中冷器检查进气歧管中是否有冷却液； 7. 检查/更换机油冷却器检查机油中是否有冷却液； 8. 检查/更换汽缸密封垫检查缸套凸出量； 9. 检查/更换汽缸盖； 10. 移去油底壳，检查缸套O形环是否泄漏； 11. 检查/更换汽缸体
发动机曲轴箱气体（下窜气）——过高	1. 曲轴箱通气管堵塞； 2. 涡轮增压器密封圈泄漏； 3. 空气压缩机故障； 4. 汽缸盖气门导管过度磨损； 5. 活塞环断裂或磨损	1. 检查通气管是否堵塞； 2. 检查涡轮增压密封圈； 3. 检查空气压缩机； 4. 更换汽缸盖； 5. 检查活塞环或汽缸套
发动机可以转动，但不起动——排气中没有烟	1. 油箱中没有燃油； 2. 电气或手动控制燃油断油阀没有打开； 3. 不合适的起动步骤； 4. 喷油泵没有得到燃油； 5. 燃油系统中有空气，这种情况发生在初始起动期间在一个较长时间不用或更换一个燃油系统部件后； 6. 燃油回油	1. 添加燃油； 2. 检查导线是否松动验证电磁阀功能是否正常，检查确保手动关闭操纵杆在运行位置； 3. 验证起动步骤是否正确； 4. 在滤清器头部松开排气螺塞，在燃油输送泵上操作手动预注装置并检查是否有燃油，必要时检查/更换燃油输送泵； 5. 排放燃油系统； 6. 验证燃油回流管路通到油箱底部

续上表

故障现象	故障原因	排除方法
发动机可以转动,但不起动——排气中没有烟	1.燃油回流溢流阀失灵; 2.燃油滤清器为水或其他污染物堵塞; 3.喷油泵正时不正确; 4.喷油泵磨损或故障; 5.凸轮轴正时不正确	1.检查燃油泵回流溢流阀; 2.排放燃油/水分离器或更换燃油滤清器; 3.检查喷油泵正时; 4.移去喷油泵,检查标定; 5.检查/更换齿轮系正时对正
发动机急速粗暴,暖车	1.急速设置太低; 2.燃油管路中有空气; 3.燃油回流溢流阀失灵; 4.燃油输送泵故障; 5.燃油供应阻塞; 6.喷油嘴堵塞或工作不正常; 7.喷油泵正时不正确; 8.发动机固定架裂; 9.气门调整不正确; 10.发动机压力不足; 11.喷油泵故障	1.检查/调整低急速螺栓设置; 2.放空燃油管路中的空气检查吸油管是否泄漏; 3.检查/更换燃油回流溢流阀; 4.检查/更换燃油输送泵; 5.清洗或更换预置滤清器和滤网,检查燃油管是否堵塞,更换机油滤清器; 6.检查/更换喷油器; 7.检查喷油泵正时; 8.更换固定架; 9.调节进气和排气门; 10.进行压力检测,依照要求修理; 11.拆卸燃油喷油泵,检查标定检查输送阀是否有杂质
发动机起动困难或不能起动——排气中有烟	1.起动步骤不正确; 2.发动机转动缓慢; 3.电动或手动燃油关闭阀卡住; 4.不合适的起动步骤; 5.在冷天气需起动辅助装置但其不能正常工作; 6.燃油系统中有空气; 7.燃油回流; 8.燃油回流溢流阀失灵; 9.燃油供给阻塞; 10 进气系统堵塞; 11.燃油污染; 12.喷油泵正时不正确; 13.喷油器磨损或故障; 14.气门调整不正确; 15.发动机压缩压力不足; 16.喷油泵磨损或故障	1.参考操作和维护手册; 2.检查发动机转速参考故障"发动机不能转动或转动缓慢"; 3.检查导线是否松动保电磁阀功能正常检查保手动变速杆没有卡在喷油泵上; 4.验证起动步骤正确参考操作和维护手册的起动说明; 5.必要时检查、修理或更换冷起动辅助装置; 6.放空燃油系统中的空气,检查吸油管是否泄漏; 7.验证燃油回流管路通往油箱底部; 8.检查/更换回流溢流阀; 9.清洗或更换预置滤清器和滤网,并检查燃油管路是否堵塞; 10.检查进气系统是否堵塞; 11.用一个临时供油箱运转发动机来证实; 12.检查上止点(TDC)检查喷油泵正时如果有条件,用溢出口正时来检查/调整喷油泵正时; 13.检查/更换喷油器; 14.调整气门; 15.进行压力检查,确认故障; 16.拆卸燃油喷油泵,验证标定

续上表

故障现象	故障原因	排除方法
发动机输送出功率偏低	1. 发动机过载； 2. 油门连杆调整不正确； 3. 机械停机杆部分结合； 4. 燃油质量差或在 0℃ 以上使用 1 号柴油； 5. 空气燃油比控制管泄漏，废气压力减压膜破裂，废气压力减压管道系统损坏； 6. AFC 管道系统计量孔阻塞； 7. 高压燃油管路或接头泄漏； 8. 在燃油管路中有空气； 9. 燃油供应堵塞； 10. 燃油回流溢流阀失灵； 11. 燃油输送泵故障； 12. 机油油位太高； 13. 进气温度偏高（超过75℃）； 14. 进气或排气系统阻塞； 15. 燃油温度过高,高于71℃； 16. 增压器和进气歧管之间泄漏空气； 17. 增压器和排气歧管之间排气泄漏； 18. 喷油器喷嘴磨损或出现故障； 19. 增压器磨损或故障； 20. 气门调整不正确； 21. 喷油泵正时不正确； 22. 喷油泵磨损或故障； 23. 发动机压缩压力过低下	1. 检查是否有从失灵的附件或驱动装置,制动和车辆载重的其他变化中增加的负荷； 2. 检查和调整油门连杆的全行程； 3. 检查调节电磁阀连接； 4. 从一个装有 2 号柴油的临时油箱中运转发动机来验证； 5. 紧固接头,必要时更管道,修理管道系统或废气压力减压膜； 6. 在进气歧管和燃油泵之间检查 AFC 接头； 7. 紧固或更换接头或管线； 8. 排放燃油管道中的空气,检查吸油管是否泄漏； 9. 清洗预置滤清器和滤网,检查燃油管路中是否堵塞更换燃油滤清器； 10. 检查/更换燃油回流溢流阀； 11. 检查/更换燃油输送泵； 12. 排放机油到合适的油位； 13. 在炎热天气,涡轮增压器使用外部空气；中冷器冷却水套堵塞,清洗；检查空-空中冷器内部是否阻塞更换阻塞的冷却器；从空-空中冷器前面检查/清除碎屑； 14. 检查进排气系统是否阻塞检查空气滤清器,必要时更换； 15. 灌注油箱,在温暖天气关闭燃油加热器； 16. 检查歧管盖上空气跨接管,空-空中冷器接头,软管或通孔中是否泄漏并修补； 17. 检查并修补泄漏检查排气歧管是否破裂； 18. 检查/更换喷油器； 19. 检查增压是否正确如果压力太低,更换增压器； 20. 调整气门,检查推杆,弹簧等； 21. 检查喷油泵正时； 22. 拆卸燃油喷油泵,检查标定； 23. 进行压缩检查,确认是否存在故障,按要求进行修理

续上表

故障现象	故障原因	排除方法
发动机缺火	1. 燃油管路中有空气； 2. 燃油污染； 3. 燃油喷油管泄漏； 4. 燃油回流溢流阀失灵； 5. 燃油输送泵失灵； 6. 燃油供应阻塞； 7. 气门调整不正确； 8. 喷油嘴堵塞或工作不正常； 9. 喷油泵正时不正确； 10. 在一个或多个汽缸中压缩压力偏低； 11. 凸轮轴正时不正确； 12. 凸轮轴或推杆损坏	1. 排空燃油管路中的空气检查吸油管是否泄漏； 2. 从一个装有好油的临时油箱运转发动机来验证； 3. 检查连接是否松动，观察并更换损坏的油管； 4. 检查/更换回流溢流阀； 5. 检查/更换燃油输送泵； 6. 清洗预置滤清器和滤网，并检查燃油管路中是否受阻更换燃油滤清器； 7. 检查推杆和弹簧，调整气门； 8. 更换喷油器； 9. 检查/调整喷油泵正时； 10. 进行压缩检测来确定原因（活塞环，缸盖密封圈或气门）； 11. 检查/更换齿轮传动系统正时对正； 12. 按照要求检查/更换部件
发动机起动，但不能保持运转	1. 发动机在负载状态下起动； 2. 发动机急速转速过低； 3. 进气或排气系统受阻，发动机停机装置发生故障； 4. 燃油系统中有空气或燃油供给不足； 5. 由于天气寒冷，燃油滤清器堵塞或燃油凝固成蜡状物； 6. 燃油供给受阻； 7. 燃油受污染； 8. 喷油泵正时不正确； 9. 凸轮轴正时不正确	1. 脱开驱动装置并检查发生故障的辅助装置的载荷； 2. 调整急速转速； 3. 检查进气和排气系统是否受阻，确保停机不要太快发生； 4. 检查通过滤清器的流量、排放燃油系统中的空气并检查吸油管有无泄漏； 5. 把油水分离器中的液体排放掉或更换滤清器，检查是否由于天气寒冷而使燃油凝固成蜡状物； 6. 清洗或更换预置滤清器和滤网，并检查燃油输送管路是否受阻； 7. 通过使用一个装有优质燃油的临时供油箱供油使发动机运转的方法进行检验； 8. 检查并调整喷油泵正时； 9. 检查/纠正齿轮传动系统对正
发动机急速不稳	1. 供给油箱中的燃油油位过低； 2. 发动机设定的急速太低； 3. 急速调整不正确（工业用发动机——RSV调速器）； 4. 燃油系统中有空气； 5. 燃油供给受阻； 6. 喷油器磨损或发生故障； 7. 喷油泵发生故障或磨损	1. 加注供给油箱； 2. 检查/调整低急速螺栓； 3. 检查/调整速器弹簧调节装置； 4. 排放燃油系统中的空气，并检查吸入有无泄漏； 5. 清洗或更换预置滤清器和滤网，并检查燃油输送管路是否受阻； 6. 检查/更换喷油器； 7. 拆下喷油泵，检查标定

续上表

故障现象	故障原因	排除方法
发动机噪声过大	1.传动皮带发出尖叫声,张紧力不足或不正常的高负荷; 2.进气或排气泄漏; 3.气门间隙过大; 4.涡轮增压器噪声; 5.齿轮传动系统噪声; 6.内部发动机噪声	1.检查张紧装置和传动皮带确保水泵、张紧轮、风扇毂和充电机能自由转动;检查辅助传动皮带的张紧程度确保各辅助装置运转自如; 2.参考故障"负载时冒黑烟"; 3.调整气门,确保推杆没有弯曲,摇臂无严重磨损; 4.检查涡轮增压器叶轮和涡轮是否与壳体接触; 5.检查/更换减振器;目测检查并测量齿轮齿隙,根据要求更换齿轮; 6.检查/更换连杆和主轴承
发动机振动过大	1.发动机运行不平稳,设定的低急速转速太低; 2.发动机松动或机座损坏; 3.风扇损坏或辅助装置发生故障; 4.减振器故障; 5.风扇毂故障; 6.充电机轴承磨损或损坏; 7.飞轮不对中; 8.内部部件松动或损坏; 9.传动系统部件磨损或不平衡	1.参考故障"发动机缺火"的解决方案,调整发动机低急速; 2.检查/更换发动机机座; 3.检查/更换振动部件; 4.检查/更换减振器; 5.检查/更换风扇毂; 6.检查/更换充电机; 7.检查/校正飞轮对中; 8.检查是否由于曲轴和连杆发生损坏导致不平衡; 9.按照设备制造厂的说明进行检查/修理
发动机不能停机	1.电动或手动燃油断油阀未关闭; 2.发动机运转时,有烟气吸入进气管; 3.燃油泄漏到进气歧管中; 4.燃油喷射发生故障	1.检查电磁线圈是否由于线路中发生短路而未通电,检查连杆机构是否连接可靠,检查泵中的弹簧能否有弹力将停机杆拉至停机位置; 2.检查进气管,确定烟气源的位置并将其隔离; 3.检查燃油滤清器座至进气管之间的空隙度; 4.拆下喷油泵进行修理,检查标定

续上表

故障现象	故障原因	排除方法
发动机负载时排白烟过多(暖车)	1. 起动步骤不正确; 2. 冷却液温度太低; 3. 进气温度太低; 4. 燃油质量差; 5. 喷油泵正时调整不正确; 6. 喷油器发生故障; 7. 冷却液泄漏进燃烧室中; 8. 喷油泵发生故障	1. 检查起动步骤是否正确; 2. 参考故障"冷却液温度低于常温"的解决方案; 3. 检查百叶窗是否关闭,检查进气加热器的运转情况(如果需要); 4. 使用一个装有优质燃油的临时供油箱供油,起动发动机进行检查,如油箱过脏,清洗燃油箱; 5. 检查上止点检查/重新调整喷油正时,使用回油孔正时设备(如有条件)检查/调整喷油泵正时; 6. 更换喷油器; 7. 参考故障"冷却液损失"的解决方案; 8. 拆下喷油泵,检查标定,并检查喷油泵出口阀处是否有碎屑
燃油消耗过高	1. 因辅助装置发生故障而产生的附加载荷; 2. 操作员技术; 3. 燃油泄漏; 4. 燃油质量差; 5. 进气或排气阻力; 6. 喷油器磨损或发生故障; 7. 喷油泵正时不正确; 8. 喷油标定错误或供油过量; 9. 气门未落座	1. 检查/修理辅助装置和车辆部件; 2. 检查换挡、减速和怠速运转操作是否正确; 3. 检查是否有外部泄漏以及发动机机油是否被燃油稀释,检查燃油输送泵和喷油是否内部泄漏; 4. 使用一个装有优质燃油的临时供油箱供油,起动发动机进行检查,如油箱过脏,清洗燃油箱; 5. 参考故障"负载时大量排烟"的解决方案; 6. 检查/更换喷油器; 7. 检查喷油泵正时; 8. 检查喷油泵上的调整密封件是否损坏,如果密封损坏,应拆下喷油泵并进行标定; 9. 检查/调整气门
发动机在负载时排黑烟过多	1. 发动机因超载而失速; 2. 空气滤清器堵塞; 3. 在涡轮增压器和进气或排气歧管之间有空气泄漏; 4. 空-空中冷器发生故障; 5. 在歧管或涡轮增压器处排气泄漏; 6. 涡轮增压器废气压力减压阀发生故障; 7. 涡轮增压器发生故障; 8. 喷油器喷嘴下面有一个以上的密封垫圈; 9. 喷油器喷嘴发生故障; 10. 发动机运转时的温度太低(低于60℃); 11. 喷油泵正时不正确; 12. AFC发生故障或喷油泵供油过量; 13. 活塞环未密封	1. 使用低速挡; 2. 检查空气滤清器,清洗并更换; 3. 对空气跨接管、软管或歧管盖通孔中的各种泄漏进行修理; 4. 检查空-空中冷器是堵塞,检查内部充气阻力或者空-空中冷器是否泄漏; 5. 检查、修理排气歧管或涡轮增压器密封垫中的泄漏,检查排气歧管是否破裂; 6. 修理或更换废气压力减压阀; 7. 更换涡轮增压器; 8. 取下多余的垫圈; 9. 拆下喷嘴并进行测试如有必要,可更换喷油器; 10. 检查节温器和冷却系统; 11. 检查并调整喷油泵正时; 12. 拆下喷油泵进行测试; 13. 进行压缩检查,按照要求进行修理

续上表

故障现象	故障原因	排除方法
排气歧管燃油或机油泄漏	1. 在轻载荷或空载状态下长期运转； 2. 进气阻塞； 3. 喷油泵正时不正确； 4. 喷油器针阀卡在"打开"位置； 5. 涡轮增压器回油管路阻塞； 6. 涡轮增压器密封圈漏油； 7. 曲轴箱气体(下窜气)过量	1. 检查车辆使用情况； 2. 检查/更换滤清器芯,检查怠速运转过量的操作情况； 3. 检查/调整喷油泵正时； 4. 确定发生故障的喷油器位置,并将其更换； 5. 检查、清洗油路； 6. 检查/更换涡轮增压器； 7. 检查是否下窜过量
机油污染	1. 机油中有冷却液,发动机内部部件泄漏； 2. 油泥过多； 3. 机油中有燃油,发动机运转温度过低； 4. 燃油输送泵密封泄漏； 5. 喷油器针阀不密封； 6. 燃油泵内部柱塞密封泄漏； 7. 喷油泵发生故障	1. 参考故障"冷却液损失"； 2. 检查机油和滤清器更换间隔,确保使用正确品质的机油； 3. 检查发动机是否因怠速运转过久导致在低于常温下运转； 4. 更换燃油输送泵； 5. 确定发生故障喷油器位置并更换该喷油器； 6. 拆下喷油泵进行修理和标定； 7. 拆下喷油泵进行修理和标定
机油消耗过高	1. 外部泄漏； 2. 曲轴箱加油过满(油标尺标定错误)； 3. 机油不合格(规格或黏度)； 4. 因下窜气量高,机油被吹出通气管； 5. 机油冷却器泄漏； 6. 空气压缩机窜机油； 7. 涡轮增压器漏油至进气或排气歧管； 8. 气门密封件磨损； 9. 活塞环不密封(机油被发动机消耗)	1. 目测检查是否漏油； 2. 检查油标尺是否标记正确； 3. 确保使用合格机油；检查是否因燃油被稀释而黏度降低；检查、缩短换油间隔； 4. 检查通气管区域是否有机油损失,测量下窜气并修理； 5. 检查冷却液中是否含有机油； 6. 参考故障"空气压缩机泵入过多机油到空气系统中"的解决方案； 7. 检查涡轮增压器进口和出口是否有窜油的迹象； 8. 检查/更换气门密封件； 9. 进行压缩检查,并根据要求进行修理
机油压力偏高	1. 压力开关/压力表发生故障； 2. 发动机运转温度过低； 3. 机油太黏稠； 4. 压力调节阀卡在关闭位置	1. 检查压力开关/压力表工作是否正常； 2. 参考故障"冷却液温度低于正常温度"； 3. 确保所用机油合格； 4. 检查/更换压力调节阀

续上表

故障现象	故障原因	排除方法
机油压力偏低	1. 机油油位不正确； 2. 机油内渗有燃油，但发动机运转正常； 3. 机油内渗有燃油，同时发动机运行粗暴或功率下降； 4. 机油被水稀释； 5. 机油被冷却液稀释（防冻剂）； 6. 机油压力调节阀卡在打开位置或者弹簧损坏； 7. 机油泵磨损； 8. 机油滤清器堵塞； 9. 机油冷却器堵塞； 10. 机油的规格不正确	1. 添加或排放发动机机油； 2. 拆下燃油输送泵柱塞密封件并进行检查更换漏油的泵更换机油； 3. 检查喷油器喷嘴是否卡住，如喷油器正常，则更换喷油泵更换机油； 4. 检查防雨盖，加油盖及油标尺等是否丢失，更换机油； 5. 检查机油冷却器、中冷器、芯塞、汽缸套、汽缸盖垫片以及汽缸体和汽缸盖是否有裂缝的水道，更换泄漏的部件并更换机油； 6. 检查并清洗如弹簧损坏，应更换弹簧； 7. 检查/更换机油泵； 8. 更换机油和滤清器； 9. 检查并更换机油冷却器； 10. 检查机油的规格

行走系统的常见故障原因及排除方法 表3-6

故障现象	故障原因	排除方法
制动不灵	1. 制动摩擦片磨损； 2. 蓄能器内氮气压力不足	1. 更换制动摩擦片； 2. 补充氮气到2.5MPa
转向沉重	1. 转向系统压力过低； 2. 转向齿轮泵损坏	1. 调整溢流阀压力到7MPa； 2. 检修或更换

液压传动系统的常见故障原因及排除方法 表3-7

故障现象	故障原因	排除方法
工作油温急剧升高	1. 主安全阀压力过低，使大量油液通过安全阀节流； 2. 液压油散热器外部污物过多，使散热效率下降	1. 调整两个主安全阀压力到30MPa； 2. 清洗液压油散热器外表面
工作油缸无力或油缸自动下沉	1. 活塞上的密封件损坏； 2. 过载阀压力过低； 3. 过载阀或安全阀密封不严	1. 更换密封圈； 2. 检查调整到34MPa； 3. 清洗过载阀或安全阀
支腿油缸闭锁不严	1. 支腿油缸密封圈损坏； 2. 支腿单向阀密封不严	1. 更换密封圈； 2. 清洗单向阀
各接头密封处漏油	1. 封圈损坏； 2. 接头螺栓未拧紧	1. 更换密封圈； 2. 更换密封圈后将螺栓或接头拧紧

3.5.3 JY633-J型挖掘机的维护

1）每班维护（每工作8h）

（1）检查润滑油量。柴油机停止运转5min后检查润滑油。润滑油油面应在"L"和

"H"标识之间。

（2）检查冷却液。不足时应及时添加冷却液,加注时把冷却液注入冷却系统至水箱注入口颈部或膨胀槽注入颈的底部为止。不得使用密封添加剂来阻止冷却系统的泄漏。

（3）检查燃油油水分离器。拧开油水分离器的底部螺栓,放出积水直至柴油开始流出时拧紧螺栓。

（4）检查冷却风扇。检查有无裂缝、铆钉松动、扇叶弯曲松动,必要时拧紧紧固螺栓或更换损坏的风扇。

（5）检查皮带。检查皮带是否跑偏或者表面损伤是否严重,皮带如有横向（皮带宽度方向）裂缝可以继续使用,有纵向（皮带长度方向）裂缝与横向裂缝交叉时不应继续使用。以约60N的手力拉挤皮带,其变位幅度值应该在8~12mm之间,通过张紧轮可以调整皮带的张紧度,调整后需试运转柴油机3~5min,以检查其张紧度是否合适。

（6）检查燃油数量。在驾驶室里将钥匙开关转到"接通"位置,观察电气监视器上的燃油位指示值,油量不足应及时添加,加油可通过启动安装在工具箱内的抽油泵总成的抽油启动按钮将油桶中的燃油抽到柴油箱中。

（7）检查空气过滤器。空气过滤器的受污染情况将在监视器里面的报警信息栏里显示。视情清除积尘杯灰尘,检查、清理空气过滤器滤芯,必要时更换。

（8）检查各部紧定、密封情况。机座、进排气歧管、导线接头和油、水管道应紧固密封,发现松脱与渗漏,应及时排除。检查紧定空气滤清器和消音器部位的连接螺栓。

（9）观察运转情况。运转时,冷却液温度表、机油压力表、电流表的指针应在绿色区域。运转应平稳,排烟正常,各部无漏油、漏水、漏气、漏电现象。

（10）作业结束后维护。擦拭机械,清除各部泥土和油污,清点、整理随机工具和附件。

（11）检查液压油数量。将挖掘机停放在平地上,伸出工作装置（斗杆油缸和铲斗油缸都处于收回状态,动臂油缸伸出1/3的长度）,打开液压油箱的防护门（主泵门）,通过油位显示器（玻璃材质）检查液压油的油位和温度。不足时应添加,合理油位应在油位尺中线刻度30mm附近。

（12）检查回转减速器润滑油数量。

（13）检查行走马达减速器润滑油数量。

（14）检查履带张紧度,用工作装置撑起车架使履带悬空,轨链下垂量应在80~120mm之间。需要张紧时,拆开盖板,将黄油枪上橡胶软管接张紧油缸端部油杯上,用油枪挤压油,直到履带张紧到规定程度。

（15）检查各部有无异常现象。各部位有无漏油、漏气、异响和温度过高现象。重点是高压软管的接头、液压缸、浮动油封及散热器等部位。若发现有渗漏,查找原因并检修。

（16）检查灯光照明等电器线路情况。各灯光照明等电器线路应无断线、短路及接头松动的现象。

（17）检查整机电气系统。检查监视器显示的各监控项目正常。所有的电气各部件功能正常、连接无松动。

（18）检查工作装置工作情况。挖掘、升降、回转、卸土等操作应灵敏、无拖滞或抖动;

大臂、斗臂、挖斗、液压缸等部件各铰接处不得松旷或卡滞。

(19)检查各部件连接紧固情况。紧定松动的螺母、螺栓、轴销。

(20)检查斗齿及侧切板。检查斗齿或侧切齿是否磨损严重或者已损坏,更换已损坏的斗齿或侧齿。

(21)向各润滑点加注润滑脂。

(22)作业(行驶)结束后,擦拭挖掘机,清除各部泥土、油污,清点、整理工具、附件。

2)一级维护(每工作100h)

(1)完成每班维护。

(2)排放燃油箱沉淀物。打开燃油箱底部阀门,放出油箱底部的水分和杂质。清洗加油口滤网,滤网破损应更换。

(3)更换柴油机机油。新挖掘机首次使用100h更换机油,以后每工作200h更换。

(4)更换柴油机机油滤清器。新挖掘机首次使用100h更换机油滤清器,以后每工作200h更换。按照环境温度,选择合适的机油。

(5)更换空气滤清器滤芯。

(6)更换柴油机燃油滤清器。

(7)更换燃油粗滤器。

(8)检查进气管道的软管、管夹或刺孔。根据需要旋紧或更换,确保进气系统无泄漏。

(9)检查液压油回油滤清器滤芯。新挖掘机工作100h更换液压油回油滤清器滤芯,以后每工作200h需检查。

(10)检查液压油箱上的通气器。

3)二级维护(每工作300h)

(1)完成一级维护。

(2)调整气门间隙,进气门0.30mm、排气门0.61mm。

(3)检查防冻液及防冻液添加剂浓度。

(4)更换冷却液滤清器。

(5)进行高压供油管放气。旋转喷射器接头,转动柴油机让管线中留存的空气排出。起动柴油机并一次放气一条管线直至柴油机平稳运行为止。当使用起动器给系统通气时,每次结合起动器时间切勿超过30s,每次间隔2min。

(6)清洗机油冷却器。分解机油冷却器,用清洗液清洗芯管内的油垢。芯管脱焊或腐蚀穿孔应焊补,若损坏较多则应更换新品。装复时,密封胶圈应平整,胶圈老化应更换。

(7)清除蓄电池外部尘土和污垢,紧固连接导线。

(8)检查风扇技术性能。风扇叶片应固定可靠,静平衡试验符合要求。

(9)更换伺服液压系统的滤清器。

(10)清洗液压油箱,更换液压回油滤清器和吸油滤清器。

(11)更换行走马达减速机和回转减速机的润滑油。

4)三级维护(每工作900h)

(1)完成二级维护。

(2)清洗冷却系统。按除垢剂使用要求配好清洗液(每23L水加入0.5kg碳酸钠),加入散热器中,起动柴油机,将水套、散热器内的水垢清洗干净,使柴油机停转。清洗后,将配置好的冷却液加入散热器内,液体的配置为50%水+50%防冻剂。关闭散热器盖,起动柴油机低速运转约5min,查看是否正常。

(3)检查节温器。拆下节温器,将节温器放在盛水的烧杯中加热,用温度计测量水温,良好的节温器主阀应在65~72℃时开始开启,80~85℃时应完全开启,否则应更换新品。

(4)检查水泵性能。拆下水泵总成,良好的水泵应转动灵活,泵水量充足,无渗漏现象。如检查中发现水泵漏水,叶轮发卡,应拆检水泵,必要时更换损坏的水封和磨损严重的轴承。

(5)检查调整喷油器。

(6)检查调整供油时间。

(7)清洗燃油箱。放尽油箱中的燃油,拆卜油箱,用清洁的燃油将油箱清洗干净。

(8)更换真空控制器通风器。

(9)检查张紧轮总成,活动臂应运动灵活。抓住皮带轮拉向张紧轮总成一边,然后放手,活动臂应能自由靠向皮带而没有阻滞。若张紧轮不能自由活动,应拆下张紧轮总成,检查聚四氟乙烯衬套,如已磨损应更换。

(10)清洁发电机、起动机。分解发电机、起动机,用压缩空气吹除或用布沾汽油擦净各零件表面的炭尘或污物。换向器或滑环表面烧蚀,可用00号砂纸打磨光洁。装复时,轴承内应充满润滑脂。

(11)更换液压油及清洗液压油箱。

(12)更换吸油滤芯。

(13)更换液压油箱通气器。

(14)更换行走装置的油液。将挖掘机停在平坦地面上,分别松开支重轮、托带轮和引导轮的密封螺栓,如果从螺纹有油渗出,应立即把螺栓紧固;如没有油流出,检查其油封密封情况,清洗内腔后加注新油。

(15)整机修整。补换缺损的螺钉、螺母、螺栓、轴销和锁销;紧固松动的连接固定部位及线路、管路接头;校正、焊补变形破损的机件,斗齿磨损严重应换新。

5)附属装置及特殊配置维护

(1)液压破碎器。

①每日检查。

a. 检查通体和侧面的螺栓、螺母是否松动、丢失或损坏,确保紧固。

b. 检查液压管路及油管接头是否松动,是否有明显破损和液压油泄漏,确保完好。

c. 检查前缸体和钎杆的间距,确定液压油无泄漏。

d. 检查钎杆的磨损情况,磨损过多时要求更换。

e. 每工作2~3h给前缸体用黄油枪注油。

f. 检查液压油,如变质应及时更换。

②钎杆的维护。

检查钎杆和下衬套间的间隙,当间隙大于8mm时需更换下衬套。

③后缸体氮气的检查及充气。

a. 打开后缸体上的气阀塞,插入带有压力表的充气阀,检查后缸体压力,气温20℃时的标准氮气压力是1.7MPa。

b. 通过氮气瓶螺母连接氮气瓶,卸下调整阀帽,连接充气管,顺时针关闭调整阀的外通阀,逆时针打开氮气瓶开关开始充气,当压力高于标准充气压力10%时,顺时针关闭氮气瓶开关,通过逆时针旋转调整阀逐渐地调整后缸体压力,当达到标准充气压力时停止。

c. 卸掉充气管,关闭后缸体充气塞。

④蓄能器的检查与充气。

卸下蓄能器针阀帽,连接充气管,逆时针拧松针阀,通过压力表检查压力,如正常,顺时针关闭针阀;如压力高,拧松外通阀释放三向阀的压力;如压力低,逆时针拧松充气开关开始充气,达到标准压力后,顺时针关闭充气开关停止充气。

(2)液压剪。

①维护方法。

a. 每班在液压剪工作完后,检查零件的焊接处是否有开裂之处(可以用肉眼观察焊接缝)。

b. 检查机械爪、刀片和机械齿是否有损坏的地方。

c. 更换损坏的刀片和机械齿。

d. 仔细检查螺栓、螺母和螺帽等,如有松动应紧固。

e. 检查下刀片间隙不能超过2mm。

f. 视情调整刀片间隙。

②更换刀片。

液压剪使用中应及时更换损坏的刀片。更换刀片的同时应更换螺栓。拆卸刀片的时候,应使用有韧性的材质制成的设备(如铜)来拆卸。

③检查和校准刀片平衡。

a. 检查刀片是否平衡。

b. 关闭机械爪。

c. 使用测隙规测量出刀片间的间隙(也可用2mm厚的钢板)。

d. 如果间隙大于2mm,必须进行校准,校准刀片的步骤如下:拧下刀片上的螺栓,卸下刀片;把刀片用旧的一边打磨出新,将刀片安装到刀片的基座上;转动刀片并安放到底座上,把刀片上的装配螺母拧紧。将刀片固定紧到刀片基座上,并把螺丝拧紧。如果刀片与基座间隙变大,使用薄垫片安装在刀片基座和刀片之间。

④更换液压油及滤清器。

每500h更换液压油;每100h更换液压油滤清器。

⑤存放。

a. 长期不使用挖掘机时,应把液压剪的前爪全部合拢,拆卸后保存。

b. 把液压剪停放在平地上或者铺有毛毡的地上安全保存。

c. 盖住连接软管的盖子以防止外部的脏物进入,放到液压剪上面。

d. 为防止液压剪上的螺栓生锈和前爪被磨损,应把液压剪覆盖,免受外部环境的影响。

(3)液压夯。

每班工作结束后将液压夯撤离被夯实面,置于较平坦地面,解除夯板上的压力。

①工作400h后检查油压和轴承。

②每次工作前检查液压夯上螺栓的松紧度,按表6的力矩值拧紧。

③所有六角螺母的高强度等级是12.9级(JIS),且是特殊用途的锁紧螺母。每使用4h后,检查确保各个零部件不松动。

④更换轴承时,使用原厂的零配件。

⑤轴承的润滑油应保持适度。

(4)快速连接器。

①拆卸和组装油缸时,不得混入杂质或水分。

②润滑维护前先把快速连接器上的泥土或杂质清除掉,快速连接器每交替使用五次后进行一次维护,维护时要往每个黄油嘴里注入三次黄油。抓钩部位每天润滑两次。

③检查组装轴与抓钩轴连接处的螺栓是否松懈,连接处的钢板有无缝隙。

④每工作120h后,检查油缸是否受损及漏油;检查管路是否漏油和受损以及连接情况;检查连接铲斗或者挖掘机附属装置部位是否有磨损、变形或裂缝;检查紧固螺栓及螺母。

3.5.4　JY633-J型挖掘机常见故障原因及排除方法

JY633-J型挖掘机发动机的常见故障原因和排除方法参见JY200G型挖掘机的相关内容。液压操纵系统、行走系统、工作装置、回转装置和电气系统的常见故障原因和排除方法分别见表3-8~表3-12。

液压系统的常见故障原因及排除方法　　　　表3-8

故障现象	故障原因	排除方法
液压油箱内液压油温度超过正常值	1.液压油散热器(冷却器)芯堵塞; 2.风扇无转动(皮带打滑); 3.液压油油位较低; 4.液压油型号使用有误	1.修复或更换; 2.修复或更换; 3.按规定添加; 4.更换液压油
动作缓慢或无动作	1.液压油油位低于正常油位线; 2.有气体进入主泵管路; 3.主泵损坏; 4.控制泵(伺服叶片泵)损坏; 5.安全阀工作不正常	1.按标准加注液压油; 2.拧紧各管接头或更换损坏的管路; 3.修复或更换; 4.修复或更换; 5.调整或更换
某个油缸工作不正常或无动作	1.油缸密封件损坏; 2.控制该油缸的阀已损坏或油缸内有空气进入; 3.安全阀没有正确调节或已损坏; 4.连接该油缸的管路发生泄漏	1.更换密封件; 2.更换或排空气体; 3.调节或更换; 4.紧固或更换

续上表

故障现象	故障原因	排除方法
操纵杆不受力时,油缸不能保持当前位置,有滑移现象	1. 油缸(内)密封件损坏; 2. 管路有泄漏; 3. 控制阀或过载阀损坏; 4. 保持阀已损坏	1. 更换密封件; 2. 紧固或更换; 3. 修复或更换; 4. 修复或更换
挖掘机无回转动作或回转速度慢	1. 控制阀损坏; 2. 回转马达损坏或回转减速器损坏; 3. 回转支承(回转轴承)损坏; 4. 回转齿圈损坏	1. 修复或更换; 2. 修复或更换; 3. 修复或更换; 4. 修复或更换
回转时有异响产生	1. 回转轴承损坏; 2. 回转齿圈损坏; 3. 回转支承(轴承)或回转齿圈润滑不正常; 4. 回转减速器里润滑油不足	1. 修复或更换; 2. 修复或更换; 3. 加注油润滑; 4. 加注油润滑
回转停车困难	1. 制动阀失效; 2. 制动阀设定压力不正确	1. 修复或更换; 2. 重新设定
柴油机停机后操作作业杆工作装置不能下降	蓄能器损坏	修复或更换

行走系统的常见故障原因及排除方法　　　　　　　　　　　　　表3-9

故障现象	故障原因	排除方法
挖掘机行走不畅(有跳跃)	1. 履带张得太紧; 2. 履带板及铰链被污染; 3. 制动阀工作异常; 4. 行走减速器损坏	1. 重新调节; 2. 清洗; 3. 修复或更换; 4. 修复或更换
挖掘机行走无力	1. 液压泵损坏; 2. 柴油机异常; 3. 安全阀设定压力不正确; 4. 液压油不足; 5. 行走马达不工作或者工作异常; 6. 液压系统泄漏	1. 修复或更换; 2. 修复; 3. 重新设定; 4. 添加液压油; 5. 修复或更换; 6. 修复或更换部件
挖掘机无法直线行走	1. 两边履带张紧不一致; 2. 左右马达设定压力不平衡; 3. 单侧马达损坏或工作异常	1. 重新调整; 2. 重新设定; 3. 修复或更换

工作装置的常见故障原因及排除方法　　　　　　　　　　　　　表3-10

故障现象	故障原因	排除方法
关节销轴连接处有明显空隙	轴套磨损	更换轴套
斗齿变圆、变钝	斗齿磨损	更换斗齿

回转装置的常见故障原因及排除方法　　　　表 3-11

故障现象	故障原因	排除方法
回转作业时,出现("咯噔"或"咔吱")异响	1.润滑油缺少; 2.二级行星减速器内齿圈、行星齿轮损坏	1.补充润滑油; 2.更换受损零件
回转支承内部有异常声响,且有黄油被甩出	1.密封装置损坏; 2.回转支承内部的滚柱和隔离套损坏	1.更换密封件; 2.检查、清洗或更换零件

电气系统的常见故障原因及排除方法　　　　表 3-12

故障现象	故障原因	排除方法
柴油机冷却液温度报警	1.散热器芯堵塞; 2.皮带打滑; 3.防冻液不足	1.疏通或更换; 2.调整或更换; 3.按规定添加
燃油油位报警	1.燃油箱内燃油太少; 2.传感器故障	1.按规定添加; 2.修复或更换
柴油机机油压力报警	1.机油油位较低; 2.机油发生泄漏; 3.错加机油,其黏度不符合要求	1.按规定添加; 2.修复后添加; 3.更换机油及滤芯
蓄电池充电报警	1.蓄电池电量不足; 2.发电机故障,导致无法充电	1.确认后充电; 2.修复或更换
空气滤清器报警	1.空气滤清器滤芯堵塞; 2.从滤清器到涡轮的软管堵塞	1.修复或更换; 2.修复或更换
液压油滤清器报警	1.滤清器滤芯堵塞; 2.液压油受污染	1.确认后清洗或更换; 2.确认后更换液压油

思考题

1. 简述挖掘机作业的分解动作和连贯动作。
2. 简述挖掘机作业前的停机方法。
3. 挖掘机作业前的准备主要有哪些内容?
4. 简要说明 JY200G 型挖掘机的柴油机等级维护的主要内容。

第4章 装 载 机

4.1 概 述

4.1.1 用途

装载机是一种在轮胎式或履带式基础车上装设一个装载斗所构成的铲土运输机械,被广泛用于公路、铁路、矿山、建筑、水电、港口等工程的土方施工,主要用来铲、装、卸、运土与沙石等散状物料,也可对岩石、硬土进行轻度铲掘作业。如果换上不同工作装置,还可以扩大其使用范围,如完成推土、起重、装卸其他物料的作业。

4.1.2 分类

装载机通常按下列几种方法进行分类。

(1)按发动机功率大小分为小型、中型、大型和特大型装载机。

小型装载机的功率在74kW以下;中型装载机的功率在74~147kW之间;大型装载机的功率在147~515kW之间;特大型装载机的功率在515kW以上。

(2)按行走方式分为履带式和轮胎式装载机。

轮胎式装载机按机架形式不同又分为铰接式装载机和整体式装载机。铰接式装载机具有转向半径小、纵向稳定性好、作业效率高、应用范围广泛等优点;但转弯和高速行驶时,横向稳定性差。目前,绝大多数装载机采用铰接机架式结构。整体式装载机的转向方式有后轮转向、前轮转向、全轮转向及差速转向(滑移转向)四种。这种装载机转向半径大、机动灵活性差、结构复杂,因而目前仅在小型全液压驱动和挖掘装载机以及大型电动装载机上采用。

履带式装载机具有接地比压小、通过性好、重心低、稳定性好、附着性能好、牵引力大、比切入力大等优点;但行驶速度低、机动灵活性差、制造成本高、行走易损坏路面、转移场地需载运。因此,只适于工程量大、作业点集中、松软泥泞等条件下作业。

(3)按装载方式不同,分为前卸式、后卸式、回转式、侧卸式装载机。

前卸式装载机在其前端铲装卸载。结构简单,工作可靠、安全,便于操作,适应性强,应用较广。

后卸式装载机在其前端装料,后端卸料。机械运料距离短,作业效率高;但安全性差,应用较少。

回转式装载机的工作装置安装在可回转90°~360°的转台上。侧面卸载不需要调整机械位置,作业效率高;但结构复杂,质量大,成本高,侧向稳定性差,适于狭小的场地作业。

侧卸式装载机在其前端装载,侧面卸料。装载作业时,不需调整机械位置,可直接向停在其侧面的运输车辆上卸料,作业效率高;但卸料时横向稳定性较差。

4.1.3 技术参数

装载机主要型号有 ZL50G 型、ZLK50 型、ZLK50A(B)型,常用装载机的主要技术性能见表 4-1。

装载机的主要技术性能   表 4-1

参　　数		机　　型	
		ZL50G	ZLK50A
整机质量(kg)		17600	19650
最小离地间隙(mm)		431	400
最小转弯半径(运输状态、铲斗外侧 mm)		6230	6000
最大爬坡能力(°)		30	25
行驶速度 (km/h)	前进Ⅰ挡	0~11.5	0~7
	前进Ⅱ挡	0~38	0~14
	前进Ⅲ挡	—	0~30
	前进Ⅳ挡	—	0~50
	倒挡Ⅰ挡	0~16	0~7
	倒挡Ⅱ挡	—	0~14
	倒挡Ⅲ挡	—	0~30
	倒挡Ⅳ挡	—	0~50
外形尺寸 (mm)	长(斗平放地面)	8060	7950
	宽(斗宽)	2750	3090
	高(驾驶室顶部)	3467	3320
轴距(mm)		3250	3000
轮距(mm)		2150	2220
柴油机	型号	康明斯 6CTA8.3-C215	康明斯 M11-C225
	额定功率(kW)	160	168
	额定转速(r/min)	2200	2100
转向角度(前后车架折腰°)		35±1	±35
轮胎	型号	23.5-25	23.5-25
铲斗	斗容量(m³)	3	2.5
	额定负荷(kg)	5000	5000
	动臂提升时间(s)	≤6.5	—
	铲斗倾斜时间(s)	≤3	—
	最大卸载高度(m)	3100	2910
制造厂家		厦门工程机械厂	郑州宇通重工有限公司

4.2 ZL50G 型装载机的驾驶

ZL 系列装载机具有生产历史长、技术成熟、性能稳定、质量可靠、配件充足、维修方便、机动性好、作业范围广、作业效率高等优点。

4.2.1 基本组成

ZL50G 型装载机(图 4-1)由发动机、传动系统、行驶系统、转向系统、制动系统、工作装置及其液压操纵系统和电气系统等组成。

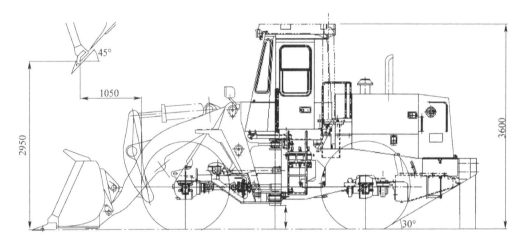

图 4-1　ZL50G 型装载机外形图(尺寸单位:mm)

1) 动力装置

动力装置为康明斯 6CTA8.3-C215 型四冲程、水冷、直喷式柴油机。

2) 传动系统

传动系统主要由液力变矩器、变速器、传动轴和驱动桥等组成。

变矩器采用双涡轮液力变矩器,为油冷压力循环式。该变矩器有两个涡轮。在装载机工作中,当低速重载工作时,一、二级涡轮同时工作;当轻载高速工作时,只有二级涡轮工作;使低速重载工况与高速轻载工况过渡中相当于两挡速度自动调节,减少了变速器的排挡数,简化了变速器的结构。

变速器采用行星齿轮式、动力换挡变速器,有两个前进挡、一个倒退挡。

前后驱动桥主要由桥壳、主传动装置、差速器、半轴和轮边减速器等组成。主传动装置为一级螺旋锥齿轮减速器;差速器是由两个锥形的直齿半轴齿轮、十字轴及四个锥形直齿行星齿轮、左右差速器壳组成的行星齿轮传动副。

轮边减速器为直齿圆柱齿轮行星减速器。

3) 行驶系统

行驶系统包括机架和车轮。

机架由前机架、后机架和副机架三部分组成。前后机架以轴销铰接为一体,前后机架可相对左右摆动35°。前机架通过螺栓与前桥固定连接,后机架通过副机架与后桥铰接连接;后桥相对后机架可上下摆动,从而保证了机械的四轮充分着地,提高了机械的稳定性和牵引性能。

4)转向系统

ZL50G型装载机转向液压系统主要由转向液压缸、流量放大阀、转向液压泵、先导油路溢流阀、全液压转向器等组成。该转向系统采用了流量放大系统,油路由先导油路与主油路组成。所谓流量放大,是指通过全液压转向器以及流量放大阀,可保证先导油路流量变化与主油路中进入转向油缸的流量变化具有一定的比例,达到低压小流量控制高压大流量的目的。操作员操作平稳轻便,系统功率利用充分,可靠性明显提高。

5)制动系统

制动系统包括行车制动装置以及紧急和停车制动装置。

行车制动装置采用双管路气压液压式制动传动机构和钳盘式制动器。行车制动装置主要由空气压缩机、油水分离器、压力调节器、双管路气制动阀、储气筒、气压表、气液制动总泵(加力器)、钳盘式制动器、切断阀开关等组成。

紧急和停车制动装置用于装载机在工作中出现紧急情况时制动,以及当制动气压过低时起安全保护作用,也可用于停车后使装载机保持在原位置,不致因路面倾斜或其他外力作用而移动。

紧急和停车制动装置由控制按钮、紧急和停车制动控制阀、制动气室、制动器、气制动快放阀等组成。从储气筒来的压缩空气进入紧急和停车制动控制阀,控制制动气室的工作。

当压缩空气进入制动气室时,制动器松开;当气压被释放时,制动器结合,装载机制动。当发动机起动后,储气筒内未达到最低工作气压时,制动器处于制动状态,不允许装载机工作;当储气筒内的气压超过最低工作气压时,操作员必须按下控制按钮,并保持一段时间,以放松制动器,装载机方可正常工作。如果按钮按下去又立即弹回来,则说明气压太低,停车制动器没有松脱。此时,若开动装载机,将会导致制动器损坏。当发动机需要拖起动时,必须把制动气室的顶杆与制动器拉杆脱开,解除制动后方可进行。

6)工作装置及其液压操纵系统

工作装置主要由铲斗、动臂、连杆机构等组成。

工作装置的液压操纵系统主要用于控制动臂的上升、下降、浮动及铲斗的转动,由液压泵、动臂操纵阀、铲斗操纵阀、双作用安全阀、动臂油缸、铲斗油缸和油管等主要部件组成。此系统设计为优先保证铲斗油缸的动作,当铲斗操纵阀不在中位时,动臂油缸因油路被铲斗操纵阀切断而无法动作,其目的是减轻操作人员的劳动强度。

7)电气系统

电气系统包括硅整流发电机及调节器、起动机、蓄电池和灯系等。电气系统额定电压24V,负极搭铁,线路采用单线制。

4.2.2 操纵装置与仪表开关的识别与使用

操纵装置、仪表开关的布置、功用与使用方法如图4-2和表4-2所示。

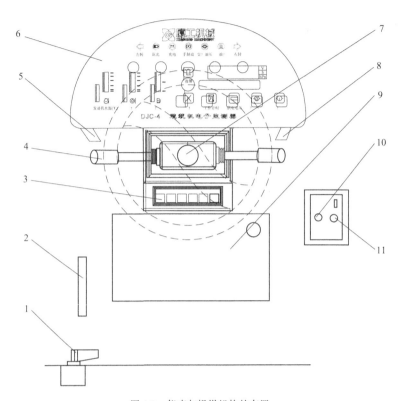

图 4-2 仪表与操纵机构的布置

1-电源总开关;2-停车制动操纵杆;3-翘板开关;4-变速杆;5-行车制动踏板;6-电子监测器;7-喇叭按钮;8-油门踏板;9-座椅;10-转斗油缸操纵杆;11-动臂油缸操纵杆

操纵装置与仪表开关的名称、功用和使用方法 　　表 4-2

图中编号	名　称	功　用	使用方法
1	电源总开关	控制整机电源的接通与切断	—
2	停车制动操纵杆	控制停车制动器	拉起-制动;放下-解除制动
3	翘板开关	用于控制照明设备等的开关	—
4	变速杆	改变装载机的行驶速度和方向	前推-前进Ⅰ挡、Ⅱ挡;后拉-倒挡;中间-空挡
5	行车制动踏板	用于装载机减速或停车	踏下-制动;松开-解除制动
6	电子监测器	用于检测发动机冷却液温度等指标	—
7	喇叭按钮	提示行人或自卸车操作员	按下-喇叭响;放松-喇叭不响
8	油门踏板	控制发动机转速	下踏-转速升高;松开-转速降低
9	座椅	操作员座位	—
10	转斗油缸操纵杆	控制铲斗翻转动作	后拉-上转;前推-下转;中间-固定
11	动臂油缸操纵杆	控制动臂升降动作	后拉-上升;前推-下降;继续前推-浮动;中间-固定

4.2.3 发动机的起动与停止

1）起动前的检查

(1) 发动机燃油、润滑油(含高压油泵)和冷却液(不得低于上水室)是否充足。

(2) 油管、水管、气管、导线和各连接件是否连接固定牢靠。

(3) 发动机风扇皮带和发电机皮带紧度是否正常(在皮带中段以拇指用30~50N压下,皮带下沉10~20mm为正常,否则,应利用发电机架进行调整)。

(4) 蓄电池电解液液面高度是否符合规定(液面应高出极板10~15mm,过少加蒸馏水),桩柱是否牢固,加液口盖上的通气孔是否畅通。

(5) 工作及转向液压油、制动油、变速变矩油、前后驱动桥壳和轮边减速器的齿轮油是否有渗漏,各管路和附件是否连接良好、密封可靠。

(6) 轮胎气压是否正常,车轮是否固定可靠。

(7) 各部固定连接是否可靠。重点是汽缸盖、排气管、前后桥、传动轴和工作装置等固定件,不能有松动现象。

(8) 各操纵杆是否连接良好、扳动灵活,并置于空挡或规定位置。

2）起动

(1) 必要时用手油泵排除燃料系低压油路内的空气。

(2) 将起动钥匙顺时针旋转到起动位置,接通电源继电器,稍微踏下油门踏板,再沿顺时针方向旋转起动钥匙即可起动。一次起动时间不超过15s。如果不能起动,需要再次起动,间隔时间应大于1min。如果连续三次不能起动,应查明原因,确认排除故障后再起动。

(3) 起动后让柴油机在600~750r/min急速下空运转5~10min,同时密切注意仪表的指示是否正常。

(4) 如果无异常情况,且行车制动低压报警蜂鸣器停止报警,此时可解除停车制动,准备装载机起步。

3）工作中的检查

(1) 检查电子监测器所监控的项目是否正常。

(2) 发动机在各种转速下是否运转平稳,排烟正常,声响无异,无焦味和漏油、漏水、漏气现象。

(3) 检查传动系统的工作情况,是否有过热、发响、松动和渗漏等现象。

(4) 检查轮胎气压和车轮固定情况。

(5) 检查转向系统的工作情况,转向操纵应轻便、灵敏;液压泵、操纵阀、液压缸及油管连接应牢靠。

(6) 检查制动系统的工作情况,在平坦的柏油路面上,制动气压在正常范围(0.44~0.64MPa),以不低于20km/h的速度进行制动时,其制动距离一般不应大于5m;停车制动应保证在不小于5°的坡道上停机不下滑,或拉起停车制动操纵杆不能起步。

(7) 检查工作装置及其液压操纵系统的连接固定和工作情况,是否连接可靠、操纵灵敏、无拖滞和抖动,有无渗漏和噪声。

(8)检查照明、信号设备的工作情况。各照明灯、仪表灯、信号灯和喇叭等应接线牢固、工作良好。

4)停止

(1)发动机停止之前,须怠速运转 5min,使柴油机慢慢冷却。

(2)停止时将起动开关上的钥匙拧到"熄火"位置,待柴油机熄火后,松开起动钥匙,使其自动回到"中位",将钥匙拔出保管,切断电源总开关。

4.2.4 驾驶

1)基础驾驶

(1)起步。

①升动臂、上转铲斗,使动臂下铰点离地 400~500mm。

②右手握转向盘,左手将变速杆置于所需挡位。

③观察周围情况,鸣喇叭。

④放松停车制动操纵杆。

⑤逐渐踏下油门踏板,使装载机平稳起步。

起步时,要倾听发动机声音,如果转速下降,要继续踏下油门踏板,以提高发动机转速,以利起步。

(2)直线行驶。

在行驶中,由于路面凸凹和倾斜等原因,会使装载机偏离原来的行驶方向,为此必须随时注意修正装载机的行驶方向,才能使其直线行驶。如果车头向左(右)偏转,应立即将转向盘向右(左)转动,等车头将要对正所需要方向时,逐渐回转转向盘至原来位置。其操作要领是少打少回,及时打及时回;切忌猛打猛回,造成装载机"画龙"行驶。

(3)换挡。

①加挡。

a.逐渐用力踩踏油门踏板,使车速提高到一定程度;

b.在迅速放松油门踏板的同时,将变速杆置于高挡位。

②减挡。

a.放松油门踏板,使行驶速度降低;

b.将变速杆置入低挡位置,同时踏下油门踏板。

注意:装载机前进挡和倒退挡互换应停车进行。加挡前一定要冲速,放松油门踏板后,换挡动作要迅速。减挡前除将发动机减速外,还可用行车制动器配合减速。加减挡时两眼应注视前方,保持正确的驾驶姿势,不得低头看变速杆;同时要握好转向盘,不能因换挡而使装载机跑偏,以防发生事故。

(4)转向。

①一手握转向盘,另一手打开左(右)转向灯开关。

②两手握转向盘,根据行车需要,按照转向盘的操纵方法修正行驶方向。

③关闭转向灯开关。

转向前,视道路情况降低行驶速度,必要时换入低速挡;转弯时,要根据道路弯度,大把转动转向盘,使前轮按弯道行驶;当前轮接近新方向时,即开始回轮,回轮的速度要适合弯道需要;转向灯开关使用要正确,防止只开不关。

(5)制动。

参照TLK220A型推土机制动要领执行。

(6)停车。

①放松油门踏板,使装载机减速。

②根据停车距离踏动制动踏板,使装载机停在指定地点。

③将变速杆置于空挡。

④将停车制动操纵杆拉到制动位置。

⑤降动臂,使铲斗置于地面。

(7)倒车。

参照TLK220A型推土机倒车要领执行。

(8)驾驶安全规则。

①装载机行驶前,须将工作装置置于行驶状态。

②装载机在行驶中,铲斗内不准站人。

③在行驶过程中操作员不准吸烟、饮食和闲聊,严禁酒后驾驶。

④在城市行驶时,要按指定路线通过,并注意交通信号和交通标志,严格遵守交通规则。

⑤下坡行驶时,严禁将发动机熄火或空挡滑行,应将变速杆置于低挡位置。

⑥长时间在上坡道停车时,应将铲斗置于地面,并拉紧停车制动操纵杆,用三角木或石块塞住车轮。

⑦一般行驶时应前桥驱动;作业和通过泥泞、冰雪和较大坡度等复杂地面时,前后桥同时驱动。

⑧装载机通过软土地段时,要用低速挡直线通过,尽量避免转向。如必要,可由人先去试走一下,确认可行后,再使装载机前轮驶上软土,机体重心略向前移动后停车,检查前轮下陷情况,前轮下陷至轮毂处则不能通过。如果已经陷车,可将铲斗放平,下降动臂使前轮浮起,将装载机后退,同时慢慢升启动臂;如此反复直至驶出。

⑨通过十字路口、铁路、桥梁、涵洞和凹凸不平的道路时,必须减速。雾天、大风天应采用低速行驶,必要时应检查桥梁承载能力,视情加固通过。

2)式样驾驶、道路驾驶、复杂条件下驾驶和夜间驾驶

装载机的式样驾驶、道路驾驶、复杂条件下驾驶和夜间驾驶方法参见TLK220A型推土机的相关内容。

4.3 ZLK50A型装载机的驾驶

4.3.1 基本组成

ZLK50A型装载机和TLK220A型推土机均为郑州宇通重工有限公司的产品,两种机

械除工作装置及液压操作系统不同外,其他部分的结构完全相同。下面仅介绍其工作装置液压系统。

主液压系统由油箱、油泵、整体式多路阀、液压手柄、动臂油缸、铲斗油缸、油管等元件组成。工作装置液压系统和转向系统共用一个油箱,油泵从油箱吸油,然后通过整体式多路阀改变油液流动方向,从而实现控制动臂油缸和铲斗油缸的运动方向,或使动臂与铲斗停留在某一位置,以满足装载机各种作业动作的要求。

整体式多路阀内有动臂阀杆、转斗阀杆和辅助阀杆,并装有溢流阀作为主安全阀。转斗阀杆有中立、斗前倾和斗后倾三个位置,动臂阀杆有中立、提升、下降、浮动四个位置,辅助阀杆有中立、斗门合并、斗门翻开三个位置。阀杆移动靠先导油,复位靠弹簧。

先导控制系统主要由油箱、先导泵、滤油器、先导阀、管路等元件组成。

4.3.2 操纵装置与仪表开关的识别与使用

ZLK50A型装载机除工作装置操纵杆件的使用与TLK220A型推土机的不同外,其他内容相同。

4.3.3 发动机的起动与停止

参见TLK220A型推土机的相关内容。

4.3.4 驾驶

参见TLK220A型推土机的相关内容。

4.4 装载机的作业

4.4.1 基本作业

1) 基本作业过程

装载机的基本作业过程主要包括接近物料、铲装、运料、卸载和回程(图4-3)。

在一个作业循环中,首先是提高发动机转速,快速驶近料堆;在距离料堆1~1.5m处换为低速挡,放平铲斗,使铲斗插入料堆;待插入一定深度后逐渐上转铲斗,并升动臂至运料位置,而后使装载机后退离开料堆,驶往卸载点。根据料场或运输车箱的高度,适当地提升动臂进行卸载;卸载完毕,返回装料点进行下一个作业循环。

在作业过程中,熟练的操作员通常是在驶向料堆的过程中放平铲斗和变速,待铲斗插入一定深度时边上转铲斗、边升动臂使铲斗装满,后退掉头。在驶往卸载点的过程中提升动臂至卸载高度,并把物料卸入运输车辆或料场。

装载机在作业过程中的接近物料、铲装、运料、卸载和回程等各基本动作所消耗的动力是不同的(表4-3)。由表中可以看出,铲装物料时所需动力最大。了解这一情况,便于更合理地控制发动机的转速和行驶速度,以最大限度地节约动力和提高作业效率。

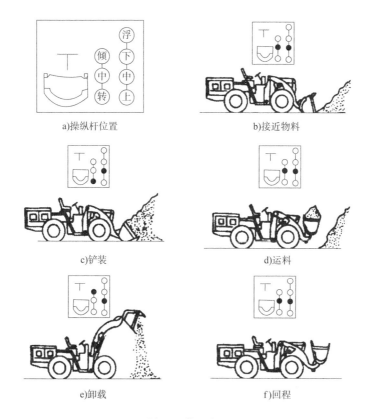

图 4-3 作业过程

装载机一个工作循环各过程动力消耗　　　　　　　　　　　　表 4-3

作业位置	发动机转速	行走动力	装载动力	转向动力
接近物料	加速	大	小	小
铲装	低于额定转速	大	大	小
转向、卸载	减速	小	中	大
回程	中到高	小	中	小

2) 基本作业方法

(1) 铲装作业。

装载机工作效率的高低,在很大程度上取决于铲斗能否装满。这就要求根据不同的物料采用不同的铲装方法。

① 一次铲装法。

一次铲装法[图 4-4a)]适于铲装松散物料,如松土、煤炭等。作业时,装载机垂直对正料堆以Ⅰ挡前进,待铲斗接近物料时(距料堆约 1m)下降动臂使铲斗底与地面平行、贴地面插入料堆;装载机一边前进,一边扳动铲斗操纵杆上转铲斗。如装满铲斗有困难,可提升一点动臂直至装满。而后退出料堆,提升动臂适当高度,驶离作业面。

② 铲斗与动臂配合铲装法。

铲斗与动臂配合铲装法[图 4-4b)],适于铲装流动性较大的散碎物料,如沙、碎石等。

作业时,先用Ⅱ挡前进,当铲斗插入料堆的深度为斗底长度的1/3~1/2时,换用Ⅰ挡一边前进一边间断地上转铲斗,并配合动臂提升,使斗齿的提升轨迹大约与料堆坡度的坡面平行,装满铲斗。

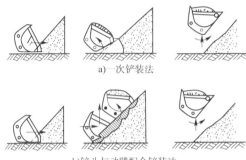

a)一次铲装法

b)铲斗与动臂配合铲装法

图 4-4　铲装方法

(2)卸载作业。

卸载作业主要是将铲斗内的物料卸于运输车辆或指定的卸料点。卸载时,将动臂提升至一定高度(使铲斗前倾不碰到车箱或料堆),对准卸料点,向前推铲斗操纵杆,使物料卸至指定位置。作业时,操纵要平稳,以减轻物料对运输车辆的冲击。如果物料黏附在铲斗上,可前后反复扳动操纵杆,振动铲斗,使物料脱落(图4-5)。卸料完毕,倒车离开卸料点,放平铲斗,下降动臂进行下一个作业循环。

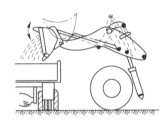

图 4-5　卸装作业

(3)作业安全规则。

①装载机适宜装载松散物质(散土、碎石),不得以装载机代替推土机或装岩机去推铲硬土或装大块岩石。

②装载机做短途(运距在500m之内)输送时,应将铲斗尽量放低,斗底离地高度不能超过400mm,以防倾翻。

③铲装作业时,装载机要对正物料,前后车架左右偏斜不应大于20°;铲装中阻力过大或遇有障碍车轮打滑时,不应强行操纵,并避免猛力冲击铲装物料和铲斗偏载。

④装卸作业时,动臂提升的高度要超过运输车箱200mm,避免碰坏车箱或挡板。运载物料时,应保持动臂下铰点适宜的高度,不允许将铲斗升至最高位置运送物料,以保证稳定行驶。卸料时,要慢推铲斗操纵杆,使散装物料呈"流沙式"卸入车箱,不要间断和过猛。根据运输车辆的载重量,尽量做到不少装、不超载。铲斗升起后,禁止人员从下方通过。操作员离开装载机时,不论时间长短,都应将铲斗置于地面。

⑤作业场地狭窄、凹凸不平或有障碍时,应先清除或进行平整。离沟、坑和松软的基础边缘应有足够的安全距离,以防塌陷、倾翻。

⑥填塞深的沟坑时,装载机卸料的停车位置要坚实(必要时利用铲斗压实),并在车轮前面留有土肩,在土肩前500mm处卸料,然后用铲斗将土壤推至坡下,但铲斗不能伸出坡缘。

⑦在河中挖掘沙、石等作业时,应对发动机采取防护措施;变速器、前后桥油塞要拧紧,作业区水深限度不能超过轮胎直径的一半。在作业后要认真进行维护。

⑧装载机在工作过程中,操作员一手握转向盘,一手握操纵杆,精力要集中,根据需要

及时扳动操纵杆。在铲斗升离地面前不得使装载机转向;装卸间断时,铲斗不应重载长时间的悬空等待。

⑨装载机连续工作时间不得超过4h。如因天气炎热或长时间作业引起发动机和液压油过热造成工作无力时,应停车降温后再进行作业。

⑩夜间作业应有良好的照明设备,必要时应有专人指挥,在危险地段设置明显标志。避免在雨雪天或泥泞地段作业,必要时应采取防滑措施(如载防滑链或铺垫防滑物等)。

4.4.2 应用作业

1)装载作业

装载作业方式是根据场地大小、物料的堆积情况和装载机的卸料形式而确定的。装载作业方式运用得正确与否,对作业效率影响很大。因此,选择正确的作业方式,可提高装载机作业的经济效益。

装载机通常采用"V"式、"I"式、"L"式和"T"式四种,如图4-6所示。

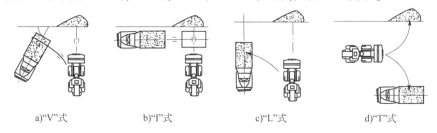

a)"V"式 b)"I"式 c)"L"式 d)"T"式

图4-6 装载机作业方式

"V"式装载作业方式[图4-6a)],是运输车辆停放在与作业面成60°角的位置上。装载机装满后,在倒车驶离作业面的过程中掉头约30°,垂直于运输车辆,然后前进卸载。回程时同样回转30°,垂直于作业面进行下一次铲装。这种方法装载机移动距离为10~15m,工作效率高,适于作业场地较宽的地段上作业。

"I"式装载作业方式[图4-6b)],是运输车辆与装载机在作业面前交替地前进和倒车进行装载。这种方式运距较短,但运输车辆和装载机互相等待,影响作业效率。通常只适于在场地狭窄、车辆不便转向或掉头的地方应用。

"L"和"T"式装载作业方式[图4-6c)、图4-6d)],装载机作业时要做90°转弯。每一循环所需时间长、效率低,对机械磨损也较大。这种方式是在车辆出入受作业场地限制的条件下,不能采用其他方式时应用。

2)铲运作业

铲运作业是指将装载机铲斗装满并运到较远的地方卸载。通常在运距不超过500m,用其他运输车辆不经济或路面较软不适于汽车运输时,采用装载机进行铲运作业。运料时,动臂下铰点应距地面40~50cm,并将铲斗上转至极限位置(图4-7)。行驶速度根据运距和路面条件决定,如路面较软或凹凸不平,应采用低速行驶,以防止行驶速度过快引起过大的颠簸冲击而损坏机件。如装载机作业需要多次往返的行驶路线,在回程中,可对行驶路线做必要的平整。运距较长、而地面又较平整时,可用中速行驶,以提高作业效率。

图 4-7 铲运作业

铲斗满载越过土坡时,要低速缓行。上坡时,适当地踏下油门踏板,当装载机到达坡顶重心开始转移时,适当放松油门踏板,使装载机缓慢地通过,以减小颠簸振动。

装载机在运料过程中,遇有草地或软路面确认无陷车危险后才能通过。但应尽量直线行驶,切忌急转弯。如遇有轮胎打滑时可略后退,避开打滑处再前进。

3)挖掘作业

挖掘一般路面或有沙、卵石夹杂物的场地时,应先将动臂略为升起,使铲斗前倾。前倾的角度根据土质而定,挖掘Ⅰ、Ⅱ级土壤时为5°~10°,挖掘Ⅲ级以上土壤时为10°~15°(图4-8)。然后一边前进一边下降动臂使斗齿尖着地。这时前轮可能浮起,但仍可继续前进,并及时上转铲斗使物料装满。

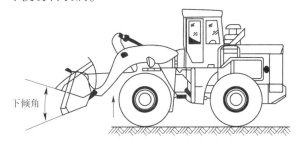

图 4-8 铲斗前倾角度

挖掘沥青等硬质物地面时,通过操作装载机前进、后退,铲斗前倾、上转,互相配合,反复多次逐渐挖掘,每次挖掘深度为 30~50cm(图 4-9)。

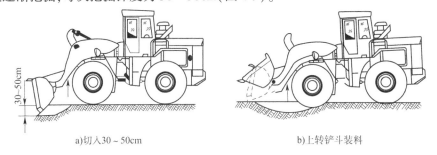

a)切入30~50cm b)上转铲斗装料

图 4-9 挖掘硬实路面

在土坡进行挖掘或堆积碎石时,应先放平铲斗,对准物料,快速接近,再以低速前进铲装。发动机以中速运转,先将铲斗上转约10°,然后升动臂按这样的顺序逐渐铲装(图4-10)。铲装时不准快速向物料冲击,以防损坏机件。

4)其他作业

(1)推运物料。

推运物料是将铲斗前面的土壤或物料直接推运至前方的卸土点。推运时下降动臂使铲斗平贴地面,发动机中速运转,向前推进(图4-11)。在前进中,阻力过大时,可稍升动臂,此时,动臂操纵杆应在上升与下降之间随时调整,不能扳至上升或下降的任一位置不动。同时,不得扳动铲斗操纵杆,以保证推土作业顺利进行。

图4-10 挖掘土坡作业

（2）刮平作业。

刮平作业是在装载机后退时利用铲斗将地面刮平。作业时,将铲斗前倾到底,使刀板或斗齿触及地面。对硬质地面,应将动臂操纵杆放在浮动位置;对软质地面,应放在中间位置,用铲斗将地面刮平(图4-12)。为了进一步平整,还可将铲斗内装上松散土壤,使铲斗稍前倾,放置于地面,倒车时缓慢蛇行,边行走边铺找压实,以便对刮平后的地面再进行补土压实(图4-13)。

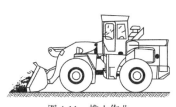

图4-11 推土作业

图4-12 刮平作业

（3）牵引作业。

装载机可以配置载重量适当的拖平车进行牵引运输。运输时,装载机工作装置置于运输状态,被牵引的拖平车要有良好的制动性能。在良好的路面上牵引时,用两轮驱动;路面打滑时,应用四轮驱动。

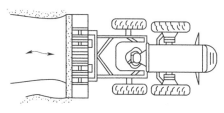

图4-13 补土压实

4.5 装载机的维护与常见故障排除

4.5.1 ZL50G型装载机的维护

1）每班维护(每工作8h)

（1）检查燃油数量。

（2）检查润滑油数量。柴油机停止运转5min后检查润滑油。润滑油油面应在"L"和"H"标识之间。

(3) 检查冷却液。不足时应及时添加冷却液,加注时把冷却液注入冷却系统至水箱注入口颈部或膨胀槽注入颈的底部为止。

(4) 检查皮带。检查皮带是否跑偏或者表面损伤是否严重,皮带如有横向(皮带宽度方向)裂缝可以继续使用,有纵向(皮带长度方向)裂缝与横向裂缝交叉时不应继续使用。以约60N的手力拉挤皮带,其变位幅度值应该在8~12mm之间,通过张紧轮可以调整皮带的张紧度,调整后需试运转柴油机3~5min,以检查其张紧度是否合适。

(5) 检查空气过滤器。视情清除积尘杯灰尘。

(6) 检查各部紧定密封情况。机座、进/排气歧管、导线接头和油、水管道应紧固密封,发现松脱与渗漏,应及时排除。检查紧定空气滤清器和排气管等部位的连接螺栓。

(7) 检查电气系统工作情况。照明灯、信号灯、指示灯、报警灯、仪表灯、喇叭、刮水器等应接线可靠,工作良好。

(8) 观察运转情况。运转应平稳,冷却液温度、机油压力等各类指示和排烟正常,各部无漏油、漏水、漏气、漏电现象。

(9) 检查变速杆。变速杆应轻便、灵活,挡位变换准确。

(10) 检查转向和制动器工作情况。

(11) 检查变矩器、变速器、驱动桥、传动轴工作情况。变矩器、变速器、驱动桥、传动轴的连接固定可靠,变矩器、变速器、驱动桥油封不得渗漏。

(12) 检查工作装置工作情况。液压缸连接固定可靠;各连接轴销、球销不得松旷和卡滞;铲斗升降灵活;液压系统工作时无过热、渗漏和噪声。

(13) 向各润滑点加注润滑脂。

(14) 检查轮胎有无破损,气压是否正常。

(15) 作业结束后维护。擦拭机械,清除各部泥土和油污,清点、整理随机工具和附件。

2) 一级维护(每工作100h)

(1) 完成每班维护。

(2) 清洁空气滤清器,更换滤芯。

(3) 排放燃油箱底部的水分和杂质,清洗加油口滤网,滤网破损应更换。

(4) 更换燃油滤清器。

(5) 更换机油滤清器。

(6) 检查进气管道的软管和管夹。根据需要旋紧或更换,确保进气系统无泄漏。

(7) 检查增压器工作情况。

(8) 检查所有电器的功能是否正常。

(9) 清洁散热器。用压缩空气吹除或用压力水冲净散热器芯管表面的积尘,如积垢较多可用铜丝刷刷除。

(10) 检查变矩器、变速器油液数量,不足时应添加。

(11) 检查驱动桥的润滑油数量,不足时应添加。

(12) 检查气液总泵制动液数量,不足时应添加。

(13) 检查轮辋螺栓和制动盘固定螺栓紧固情况。

(14) 检查制动摩擦片磨损情况，磨损到极限应更换。

(15) 检查液压油数量，不足时应添加。

(16) 检查工作装置油缸、转向油缸及液压油泵工作是否正常。

3) 二级维护（每工作300h）

(1) 完成一级维护。

(2) 检查调整气门间隙。

(3) 更换柴油机机油。

(4) 检查防冻液及防冻液添加剂浓度。

(5) 更换水滤清器。

(6) 清洗机油冷却器。

(7) 检查风扇叶片有无损伤。

(8) 检查轮辋固定螺栓的拧紧力矩。

(9) 检查变速器和柴油机的安装螺栓的拧紧力矩。

(10) 检查工作装置、前后车架各受力焊缝及固定螺栓是否有裂纹及松动。

(11) 清洗液压系统回油过滤器滤芯。

(12) 检查调整驻车制动器间隙。

4) 三级维护（每工作900h）

(1) 完成二级维护。

(2) 清洗冷却系统。按除垢剂使用要求配好清洗液（每23L水加入0.5kg碳酸钠），加入散热器中，起动柴油机，将水套、散热器内的水垢清洗干净，使柴油机停转。清洗后，将配置好的冷却液加入散热器水箱内，液体的配置为50%水+50%防冻剂。关闭散热器盖子，起动柴油机低速运转约5min，查看是否正常。

(3) 检查节温器。拆下节温器，将节温器放在盛水的烧杯中加热，用温度计测量水温，良好的节温器主阀应在83℃时开始开启，95℃时应完全开启，否则应更换新品。

(4) 检查水泵是否泄漏，必要时更换。

(5) 检查调整喷油泵和喷油器。

(6) 检查调整供油提前角。

(7) 清洗燃油箱。放尽油箱中的燃油，拆下油箱，用清洁的燃油将油箱清洗干净。

(8) 检查张紧轮总成，活动臂应运动灵活。抓住皮带轮拉向张紧轮总成一边，然后放手，这时活动臂应能自由靠向皮带而没有阻滞。若张紧轮不能自由活动，应拆下张紧轮总成，检查聚四氟乙烯衬套，如已磨损应更换。

(9) 清洁发电机、起动机。分解发电机、起动机，用压缩空气吹除或用布蘸汽油擦净各零件表面的碳尘或污物。换向器或滑环表面烧蚀，可用00号砂纸打磨光洁。装复时，轴承内应充满润滑脂。

(10) 更换驱动桥齿轮油，检查驱动桥各部紧固情况及有无漏油现象，清洗通气孔。

(11) 检查气液总泵，更换制动液。

(12) 检查制动摩擦片磨损情况，必要时更换。

(13) 检查工作装置油缸沉降量。

(14)校正转向和工作装置液压系统工作压力。

(15)过滤或更换传动系统和液压系统的液压油。

(16)检查轮辋焊缝以及各受力部位。

(17)检查工作装置、车架各焊缝是否有裂纹。

(18)进行轮胎换位。按照"前后、左右"互换的原则进行轮胎换位,检查前轮前束。

(19)整机修整。补换缺损的螺母、螺栓、轴销、锁销,紧固松动的连接固定部位及线路、管路接头,校正、焊补变形破损的机件。

5)润滑表

ZL50G 型装载机的润滑见表4-4。

ZL50G 型装载机润滑表 表4-4

润滑点所在部位	润滑点名称	数量(个)	润滑剂牌号
工作装置液压系统	油缸销轴	8	2#二硫化钼锂基润滑脂
工作装置液压系统	拉杆销轴	2	
转向系统	转向销轴	4	
传动系统	万向节	7	
传动系统	连接架销轴	2	
传动系统	后桥摆动支架销	全部	
传动系统、转向系统	各主要轴承	全部	
制动系统	制动系统加力器	全部	美孚 DOT3 制动液

4.5.2 ZL50G 型装载机常见故障原因及排除方法

ZL50G 型装载机发动机的常见故障原因及排除方法参见 JY200G 型挖掘机的相关内容。传动系统、转向系统、制动系统、工作液压系统、电气系统的常见故障原因及排除方法分别见表4-5～表4-9。

传动系统常见故障原因和排除方法 表4-5

故障现象	故障原因	排除方法
柴油机运转但整机不能行驶	1. 未挂上挡; 2. 未解除停车制动; 3. 传动系统油液太少; 4. 变速器油压过低; 5. 变矩器故障; 6. 变速器离合器或传动件损坏	1. 重新挂挡或检修变速器; 2. 解除停车制动; 3. 按要求补充油液至规定值; 4. 参见"变速器油压过低"的解决方案; 5. 检修变矩器; 6. 检修变速器
变速器油压过低	1. 主安全阀故障; 2. 离合器油封处严重漏油; 3. 管道接口漏油; 4. 油泵失效; 5. 滤清器堵塞	1. 检修主安全阀; 2. 更换油封和油封座; 3. 拧紧管接头; 4. 更换油泵; 5. 更换滤芯或更换滤清器

续上表

故障现象	故障原因	排除方法
挂不上挡或某挡挂不上	1. 未解除挡位锁定; 2. 变速器油压低; 3. 操纵阀主油道或某挡油道堵塞; 4. 离合器油封处严重漏油	1. 按正确方法进行换挡操作; 2. 参见"变速器油压过低"的解决方案; 3. 疏通主油道或某挡油道; 4. 参见"变速器油压过低"的解决方案
驱动力不足	1. 传动系统漏油或油量不足; 2. 变速器油压过低; 3. 制动调整不当,制动钳或停车制动器未完全脱开; 4. 变矩器油温过高; 5. 离合器主、从动片结合不良; 6. 柴油机工作不正常	1. 检修漏油部位并补充油量到规定值; 2. 参见"变速器油压过低"的解决方案; 3. 检查调整制动钳或停车制动器; 4. 参见"变矩器和变速器过热"的解决方案; 5. 拆检、清洗或更换损坏的制动摩擦片; 6. 检修柴油机
变矩器和变速器过热	1. 传动系统漏油或油量不足; 2. 离合器打滑; 3. 油液太脏或变质; 4. 散热器及油散热器堵塞或损坏; 5. 连续作业时间长或超载作业	1. 参见"驱动力不足"的解决方案; 2. 检修离合器,校正变速器压力; 3. 按规定更换油液; 4. 清洗堵塞机件或更换损坏机件; 5. 暂时停机降温,避免超载
乱挡	变速杆损坏	检修或更换操纵手柄

转向系统常见故障原因和排除方法 表 4-6

故障现象		故障原因	排除方法
转向沉重	慢转转向盘正常,快转转向盘沉重	1. 系统内有空气,油面太低,回油时会有大量空气带入; 2. 优先阀控制压力过低,弹簧力下降; 3. 优先阀芯卡在某一位置; 4. 油泵损坏,流量不足	1. 及时补油,可利用转向到极限位置继续转动转向盘,使溢流阀开启排出空气; 2. 检查弹簧是否损坏或永久变形量太大,如是,应及时更换弹簧; 3. 卸下阀芯,清洗阀体及零件,阀芯阀体配研,保证阀芯在阀体内移动自如; 4. 应及时修理或更换油泵
	没有负荷时轻,有负荷时重	1. 转向溢流阀调定压力过低; 2. 溢流阀不密封; 3. 转向器的缓冲阀压力过低; 4. 油泵损坏	1. 首先检查弹簧是否损坏或永久变形量太大,如是,应更换弹簧;其次检查调压螺栓是否松动,如是,则应重新调压,而后锁紧调压螺栓; 2. 检查阀芯或阀座的密封面是否有缺陷,如有,应修复或更换相应有缺陷机件; 3. 首先检查弹簧是否损坏或永久变形量太大,如是,应更换弹簧;其次检查密封面是否不密封,如是,应修复; 4. 应修理或更换油泵
	低速时转向沉重,速度提升后工作正常	1. 油泵损坏; 2. 优先阀阀芯、阀体配合间隙过大	1. 应修理或更换油泵; 2. 应更换阀芯或优先阀总成

续上表

故障现象	故障原因	排除方法
转向无终点感,转向到极限位置,转动转向盘仍很轻便	1. 转向器阀体、阀芯和阀套或转子、定子严重磨损; 2. 溢流阀或缓冲阀开启压力过低	1. 应更换磨损零件或转向器; 2. 见"柴油机运转但整机不能行驶"中的第二种方案
转向失灵,转向盘不能自动回中,压力振摆明显,甚至不能转动	1. 弹簧片折断; 2. 拨销或联动轴已损坏; 3. 油泵完全损坏或矩形键剪断	1. 应更换已断弹簧片; 2. 应更换相应的损坏机件; 3. 应修复或更换油泵,或更换矩形键

制动系统常见故障原因和排除方法　　　　　　　　　　表4-7

故障现象	故障原因	排除方法
行车制动力不足	1. 制动钳体上分泵漏油; 2. 制动液压管路中有空气; 3. 制动气压低; 4. 加力器皮碗磨损、装反或密封圈损坏; 5. 制动摩擦片磨损超限	1. 更换分泵矩形密封圈; 2. 放出制动液压管路中的空气; 3. 检查空气压缩机、油水分离器组合阀、储气罐、安全阀、气制动阀或密封圈以及气路密封性后,有针对性地进行修复; 4. 更换皮碗、密封圈或重装皮碗; 5. 更换制动摩擦片
制动器不能正常松开	1. 气制动阀杆位置不对,活塞杆被卡住及复位弹簧失效或折断; 2. 加力器活塞卡滞; 3. 制动钳上分泵活塞不能回位	1. 检修或更换制动阀; 2. 检修或更换加力器; 3. 检修制动钳上分泵或更换矩形密封圈
制动气压表压力上升缓慢	1. 气路密封不严; 2. 空气压缩机工作不正常; 3. 气制动阀故障	1. 检修气路; 2. 检修空气压缩机; 3. 检修气制动阀
停车后储气罐压力迅速下降(30min内气压降超过0.1MPa)	1. 气制动阀进气门被脏物卡住或损坏; 2. 管接头松动或破裂; 3. 组合阀单向阀不密封	1. 连续制动几次吹掉脏物或更换阀门; 2. 拧紧接头或更换制动管; 3. 检修或更换组合阀的单向阀
行车制动后挂不上挡	1. 气制动阀踏板限位螺栓调整不当,气制动阀不能彻底回位; 2. 气制动阀活塞卡住,解除制动后不能回位; 3. 制动阀杆卡住	1. 重新调整踏板限位螺栓,使气制动阀能彻底回位; 2. 清洗检修活塞; 3. 检修制动阀杆
停车制动力不足	1. 制动鼓与制动摩擦片间隙过大; 2. 制动摩擦片上有油	1. 重新调整制动鼓与制动摩擦片间隙至规定值; 2. 清洗制动摩擦片

工作液压系统常见故障原因和排除方法

表 4-8

故障现象	故障原因	排除方法
工作压力不足	1. 安全阀调压偏低； 2. 安全阀滑阀卡死； 3. 调压弹簧损坏； 4. 工作液压油泵失效； 5. 系统管路压损过大	1. 调整安全阀压力到规定值； 2. 分解、清洗并检修安全阀； 3. 更换调压弹簧； 4. 检修或更换工作液压油泵； 5. 更换管路或在许用压力范围内调整安全阀压力
工作流量不足	1. 安全阀故障； 2. 供油量不足； 3. 由油温过高或液压油选择不当造成的工作阀内换向时液压油泄露量大	1. 检修安全阀； 2. 检查油面高度和液压油泵，如是油面低，加油到规定值；如是液压油泵问题，修复或更换液压油泵； 3. 采取降低油温措施或按规定牌号更换液压油
操纵杆复位失灵	1. 先导阀复位弹簧变形； 2. 先导阀压杆与配合孔之间有污物； 3. 多路阀复位弹簧变形； 4. 多路阀阀杆与阀体间有污物	1. 更换变形的先导阀复位弹簧； 2. 清洗相关零件； 3. 更换变形的多路阀复位弹簧； 4. 清洗相关零件
先导阀定位不可靠	1. 电磁铁吸引力不够； 2. 电路电流、电压不合要求； 3. 电磁铁和弹簧座接触面有污物； 4. 摇板与压杆间隙未按要求调整	1. 更换电磁铁总成； 2. 检修不合要求处； 3. 清除污物； 4. 按要求调整摇板与压杆间隙
动臂下降过量	1. 多路阀阀体与阀杆磨损间隙增大； 2. 动臂油缸内漏	1. 更换阀杆； 2. 更换密封圈或动臂油缸
动臂提升或转斗速度慢	1. 安全阀调整不当，系统压力偏低； 2. 吸油管及滤清器堵塞； 3. 齿轮泵严重内漏； 4. 管路松动或油缸内漏	1. 调整系统压力达到规定值； 2. 清洗吸油管及滤清器和更换新油； 3. 更换齿轮泵； 4. 拧紧管路接头或更换油缸相应密封件
转斗掉斗	1. 过载阀、补油阀被污物卡住； 2. 转斗油缸内漏	1. 拆洗、重新组装过载阀和补油阀； 2. 更换密封圈或转斗油缸
先导阀控制不灵	1. 计量阀芯卡死或移动不灵； 2. 计量弹簧变形； 3. 控制流量或压力不够； 4. 主阀动作不灵活； 5. 密封圈损坏	1. 检查油液清洁度、清洗阀芯、阀孔； 2. 更换计量弹簧； 3. 检修先导阀供油系统； 4. 清洗主阀阀体与阀杆； 5. 更换密封圈
外渗漏	相关处密封圈损坏或紧固件松动	更换损坏的密封圈或拧紧相关紧固件

电气系统常见故障原因和排除方法　　　　　表 4-9

故障现象	故　障　原　因	排　除　方　法
柴油机无法起动或起动困难	1. 蓄电池损坏或电不足; 2. 起动按钮或起动继电器损坏; 3. 润滑油黏度大; 4. 线路接触不良或断路; 5. 起动机电刷磨损过多或接触不良; 6. 起动机电磁开关或拨叉损坏; 7. 起动机转子、定子烧毁	1. 更换新的蓄电池或充电; 2. 更换新的起动按钮或起动继电器; 3. 更换规定牌号润滑油; 4. 检修线路; 5. 更换起动机电刷或检修接触不良处; 6. 检修或更换起动机电磁开关或拨叉; 7. 更换起动机
仪表指示不正常	1. 连线松动,脱落; 2. 相关的传感器损坏; 3. 仪表损坏	1. 拧紧接线端; 2. 更换损坏的传感器; 3. 更换仪表
蜂鸣器鸣叫不止	1. 制动压力低; 2. 气压传感器损坏; 3. 蜂鸣器连接线搭铁	1. 检修制动回路; 2. 更换气压传感器; 3. 更换蜂鸣器连接线
发电机不发电或充电电流过小	1. 发电机"+"极接线松动; 2. 发电机传动皮带过松; 3. 发电机损坏	1. 拧紧松动的发电机"+"极连接线; 2. 按规定调整发电机传动皮带松紧度; 3. 检修或更换发电机
灯具不亮	1. 熔断丝烧坏; 2. 灯丝烧坏; 3. 线路接触不良或断路	1. 更换熔断丝; 2. 更换灯泡; 3. 检修电路
蓄电池不充电或充电电流小	1. 发电机"+"极连接线松脱; 2. 蓄电池连线过松或开路; 3. 发电机传动皮带过松	1. 拧紧松脱的发电机"+"极连接线; 2. 紧固过松或开路的蓄电池连线; 3. 参见"发电机不发电或充电电流过小"的解决方案
蓄电池充电电流长时间过大	1. 蓄电池亏电严重; 2. 蓄电池有一、二格损坏短路; 3. 发电机的电子调节线路短路损坏	1. 起动柴油机后,用电压表检查发电机的 B+端,如果电压在 25V 以下,电流仍过大则为蓄电池问题,需更换蓄电池; 2. 更换蓄电池; 3. 更换发电机

4.5.3　ZLK50A 型装载机的维护与常见故障排除

由于 ZLK50A 型装载机和 TLK220A 型推土机的结构几乎相同,其维护和常见故障排除的内容可以参见 TLK220A 的相关内容。

 思考题

1. 装载机装载作业方法有哪些?
2. 装载机能完成哪些类型的作业?
3. 简述 ZL50G 型装载机的柴油机等级维护的主要内容。

第5章 平地机

5.1 概述

5.1.1 用途

平地机是一种以铲刀刮土为主,配以其他多种可换作业装置,进行公路、机场、农田等大面积的地面平整和挖沟、刮坡、推土、除雪、松土等工作的铲土运输施工机械。平地机的铲刀比推土机的铲刀具有较大的灵活性,能连续改变铲刀的平面角和倾斜角,并可使铲刀向任意一侧伸出。因此,平地机是一种多用途的连续作业式的机械,广泛用于国防工程、矿山开采、道路构筑、场地平整、机场修建等土方工程中。

5.1.2 分类

平地机通常可按下列几种方法进行分类。

(1) 按行走方式,分为拖式平地机和自行式平地机。

拖式平地机因机动性差、操纵费力,已逐步被淘汰。

自行式平地机根据车轮数目分为四轮、六轮两种;根据车轮的转向情况分为前轮转向、后轮转向和全轮转向;根据车轮驱动情况分为后轮驱动和全轮驱动。自行式平地机车轮对数的表示方法是:转向轮对数×驱动轮对数×车轮总对数;共有以下五种形式,即 $1×1×2,1×2×3,2×2×2,1×3×3,3×3×3$。如 $1×2×3$ 表示转向轮1对,驱动轮2对,车轮总数3对。其余依此类推。

驱动轮对数越多,在工作中所产生的附着牵引力越大;转向轮对数越多,平地机的转向半径越小。因此,上述五种形式中以 $3×3×3$ 型平地机的性能最好,大中型平地机多采用这种形式。$2×2×2$ 和 $2×1×1$ 型均用在轻型平地机中。目前,前轮装有倾斜机构的平地机得了广泛应用。装设倾斜机构后,在斜坡上工作时,车轮的倾斜可提高平地机工作的稳定性;在平地上转向时能进一步减小转向半径。

(2) 按机架结构形式,分为整体机架式平地机和铰接机架式平地机。

整体机架式平地机的机架具有较大的整体刚度,但转向半径较大。传统的平地机多采用这种机架。

铰接机架式平地机的优点是转向半径小,一般比整体式机架的转向半径小40%左右,可以容易地通过狭窄地段,能快速掉头,在弯道多的路面上作业尤为适宜;可以扩大作业范围,在直角拐弯的角落处,铲刀刮不到的地方极少;在斜坡上作业时,可将前轮置于斜坡上,而后轮和机身可在平坦的地面上行进,提高了机械的稳定性,作业比较安全。因此,目前平地机采用铰接式机架的越来越多。

5.1.3 技术参数

平地机的型号主要有 PY180 型和 GR1803 型。平地机的主要技术性能见表 5-1。

平地机的主要技术性能　　　　　　　　表 5-1

参　　数			机　　型	
			PY180	GR1803
整机质量(kg)			15400	15400
轴荷分配 (kg)		前桥	4600	4620
		后桥	10800	10780
最小离地间隙(mm)			400	430
最小转弯半径(mm)			7800	7300
最大爬坡能力(°)			20	20
前桥 (°)		转向角(左右)	45	48
		倾斜角(左右)	17	17
		摆角(左右)	15	15
最大铰接转向角(左右°)			25	27
外形尺寸 (mm)		长	8700	8900
		宽	2595	2625
		高	3340	3420
轴距 (mm)		前后桥	6216	6219
		中后桥	1542	1538
轮距(mm)			2150	2156
行驶速度 (km/h)	前进	Ⅰ挡	5.23	5
		Ⅱ挡	7.94	8
		Ⅲ挡	11.84	11
		Ⅳ挡	17.85	19
		Ⅴ挡	25	23
		Ⅵ挡	40	48
	倒退	Ⅰ挡	5.23	5
		Ⅱ挡	11.84	11
		Ⅲ挡	25	23
柴油机		型号	6CTA8.3-C215	QSB6.7
		额定功率(kW)	160	164
		额定转速(r/min)	2200	2000

续上表

参 数		机 型	
		PY180	GR1803
铲刀及松土器	铲刀回转角(°)	360	360
	铲刀最大倾斜角(°)	90	90
	切削角调整范围(°)	36~66	28~70
	铲刀最大提升高度(mm)	458	450
	铲刀最大入土深度(mm)	500	720
	最大侧伸距离(mm)	1270	2440
	松土器松土宽度(mm)	1100	2095
	耙齿最大入土深度(mm)	150	350
制造厂家		天津工程机械厂	徐工机械股份有限公司

5.2 平地机的驾驶

平地机主要用于机场跑道、高速公路、等级公路、农田等大面积地面的平整和挖沟、刮坡、推土、松土、除雪等作业。图5-1为PY180型平地机的外貌图。图5-2为GR1803型平地机的外貌图。

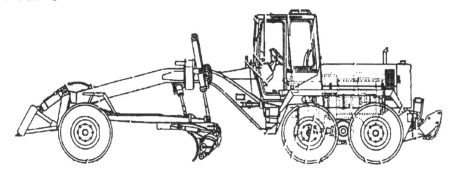

图5-1 PY180型平地机外貌图

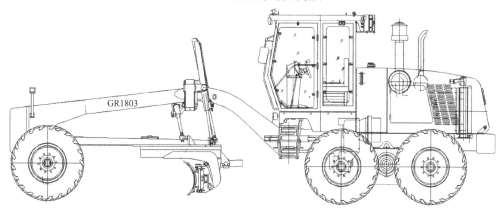

图5-2 GR1803型平地机外貌图

5.2.1 基本组成

PY180 型平地机由发动机、传动系统、行驶系统、转向系统、制动系统、工作装置及液压操纵系统、电气系统和驾驶室等组成。

1) 发动机

发动机采用东风康明斯 6CTA8.3-C215 型柴油机。

2) 传动系统

传动系统主要由变矩变速器、传动轴、后桥、平衡箱等组成。柴油机输出的动力经过液力变速器、传动轴,传递给后桥,再经平衡箱链传动驱动四个后轮。

采用 ZF6WG200 液力变矩变速器,由变矩器和定轴式动力换挡变速器组成,可实现前进 6、后退 3 的速度。

变矩器为不带闭锁离合器的简单三元件结构,变矩器泵轮以弹性盘与柴油机直接相连,变矩器操纵油路中进口压力为 0.85MPa,出口压力为 0.5MPa,其正常工作时油温应在 80~100℃ 之间;在承受重载时,瞬时允许到 120℃。

定轴式动力换挡变速器安装在后机架上。其支腿与后机架间装有四个橡胶减振套。

变速器有 6 个液压控制的多片离合器,能在带负荷的状态下接合和脱开,实现动力换挡,变速器的齿轮均为常啮合传动。

变速器外部有两个取力口驱动双联泵,分别给左、右操纵阀和转向、制动系统供油。变速器输出轴向后接传动轴,将动力传至后桥;输出轴向前接停车制动器。

变速器为电液操纵,通过操纵挡位选择器控制电磁阀,进而操纵液压滑阀实现各种挡位。

变速器首次工作 200h 后必须更换油,以后每工作 1000h 换一次油,如工作小时数不足,也应每年更换一次油。在换油的同时应更换滤油器,使用过的滤油器,不允许再次安装使用。

后桥为三段型驱动桥,横置于车架下,来自传动轴的动力输入后桥,首先经过主减速器、差速器,然后传给行星减速器,动力分为左右两侧输出至平衡箱。差速器安装于后桥的中部,在两侧驱动轮所需驱动力不同时,可自动分配动力,运行中自动实现差速、锁死,提高平地机的行驶性能。

摆动式平衡箱,动力由后桥输入至平衡箱,经重型滚子链传动输出至车轮。垂直方向摆动角为 ±15°,其目的是实现两驱动轮在不平整路面作业时可随路面情况上下起伏,保证平地机处于水平状态,以提升平地机在起伏路面作业时的平地效率。

3) 行驶系统

行驶系统包括机架和车轮。车架分为前车架和后车架,采用中间铰接结构,最大铰接转向角左右各 25°。

前车架由断面为 U 形的两个压制槽拼焊组成,为箱形梁结构件。前车架前部连接前轮及转向机构,中部安装工作装置,后部与后车架铰接。

后车架是由两组实心梁拼焊成的框形结构件。驾驶室、柴油机、变速器等部件安装于后车架上。

4) 转向系统

平地机转向有前轮转向和铰接转向两种转向方式。前桥转向系统由转向盘、转向液压系统、前轮倾斜油缸和前桥等组成。车轮倾斜时的转弯半径为 10.4m，不倾斜时为 10.9m，铰接转向时最小转弯半径为 7.8m。

箱形摆动式转向前桥可实现前车轮倾斜，以增加平地机在斜坡作业和有横向阻力的情况下的横向稳定性。转向角为 45°，中心离地间隙 630mm，前轮倾斜角 ±17°，摆动角度 ±15°。

前轮转向液压系统主要由转向制动双联泵、转向器、双作用安全阀、前轮转向油缸等组成。液压油经转向制动双联泵输送到转向器，当转动转向盘时，液压油进入两个前轮转向油缸，从而使两个前轮转向，两个前轮用转向拉杆连接。主安全阀将转向系统的油压限制在 15MPa。双作用安全阀用于防止转向油缸出现负压或过压。油箱是密封的，并在预压式空气滤清器的控制下处于 0.07MPa 的低压下工作，油箱压力有助于各油泵的吸油，并防止了产生气蚀的危险，同时又限制了异物进入油箱而污染液压系统。当油泵从油箱内吸出油液时，进气阀可以控制进入油箱的空气量。

5) 制动系统

制动系统包括停车制动系统和行车制动系统。

停车制动系统用于保证平地机在坡道上停车制动并可靠停车，也可以配合行车制动一起用作紧急制动，但使用后必须随即仔细检查系统各元件，必要时重新调整，更换变形损坏的零件。停车制动系统为机械操纵蹄式制动器，由操纵加力杆系和制动器组成。脚制动装置的制动器采用液压张开、自动增力蹄式制动器。制动传动机构采用的是双管路气压液压式（从制动总泵分成两路，分别到中后轮）。

行车制动系统为液压操纵钳盘式。制动传动机构为带蓄能器的液压系统，制动器为钳盘式。制动器安装于后四轮，其中前两轮安装四个制动器，后两轮安装两个。在柴油机运转时，双联泵从油箱吸油，泵出的高压油经过限压阀通向两个蓄能器，当两个蓄能器压力低于 13.3MPa 时冲油增压，而当压力达到 15MPa 时断油。踏下制动踏板，蓄能器回路中的压力油就流向制动器，实现制动。

6) 工作装置及其液压操纵系统

工作装置由铲刀、角位器、牵引架、摆架和松土器等组成，安装在前机架上。运用铲刀可进行铲切、铲运、平整等作业。工作装置由液压系统操纵。

铲刀主体为弧形结构，左右两侧装有侧刀片，工作端装有两片刀片。整体宽度为 3965mm。

角位器位于铲刀和牵引架的中间装置。通过铲土角变换油缸的伸缩，可以改变铲刀的切削角度，切削角调整范围为 36°~66°。

牵引架为铲刀的支撑机构。平地机采用了滚盘式齿圈，通过液压马达驱动涡轮箱，从而使得铲刀可以绕滚盘回转，铲刀回转角度为 360°。

摆架安装在平地机前车架大梁上，改变角位器的不同位置，并配合铲刀升降油缸和铲刀摆动油缸可以实现铲刀的升降和左右倾斜。最大侧斜角为左右各 90°；最大入土深度为 500mm；最大提升高度为 458mm。

松土器安装在铲刀背部,拔出固定销,可从铲刀背部放下,共有6个耙点,通过转动铲刀带动松土器进行松土作业。

液压操纵系统为双泵双回路。它由封闭式油箱、作业双联泵、两个五联多路换向阀和各工作装置的液压缸、马达及管路等组成。工作装置液压油由作业双联泵从油箱吸油泵出,分别送给两个回路。在这两个回路中,油的流量是相同的。当2个多路换向阀在中位时,液压油经回油道、回油滤油器回到油箱。

当扳动一或两个操纵杆时,液压油打开多路换向阀内的单向阀进入相应的液压缸或液压马达。单向阀的作用是限制工作装置的油倒流到油箱,以保证液压系统的正常工作。安装在铲刀倾斜、两个铲刀升降回路上的双向液压锁,能防止由于设备自身重量和负载所造成的位移,保证了行车安全和铲刀作业精度。左右两个升降油缸由于由两个等流量的回路供油,两个铲刀的升降基本实现了同步和同速,提高了平地机的作业性能。系统压力由多路换向阀内的溢流阀控制,压力值为16MPa。

7)电气设备

电气设备由蓄电池、发电机、起动机、仪表及照明装置等组成。电路采用单线制,负极搭铁,额定电压为24V。

5.2.2 操纵装置与仪表开关的识别与使用

PY180型平地机操纵装置的识别如图5-3所示,其操纵装置与仪表开关的识别与使用方法见表5-2。GR1803型平地机操纵装置如图5-4所示。

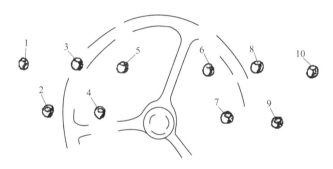

图5-3 PY180型平地机操纵装置

1-铲刀左升降油缸操纵杆;2-铲刀回转操纵杆;3-前轮倾斜操纵杆;4-铰接转向操纵杆;5-松土器升降操纵杆;6-推土板升降操纵杆;7-铲刀摆动操纵杆;8-铲刀侧伸操纵杆;9-铲土角调整操纵杆;10-铲刀右升降油缸操纵杆

操纵装置与仪表开关的识别与使用方法　　　　表5-2

图中编号	名　称	功　用	使用方法
1	铲刀左升降油缸操纵杆	控制铲刀左侧的升降	前推-铲刀左侧下降;后拉-铲刀左侧提升
2	铲刀回转操纵杆	控制铲刀的回转方向	前推-铲刀顺时针回转;后拉-铲刀逆时针回转
3	前轮倾斜操纵杆	控制前轮的倾斜	前推-车轮倾斜向左;后拉-车轮倾斜向右
4	铰接转向操纵杆	操纵铰接转向	前推-车轮铰接向左转向;后拉-车轮铰接向右转向
5	松土器升降操纵杆	控制松土器的升降	前推-后松土器下降;后拉-后松土器提升
6	推土板升降操纵杆	控制推土板的升降	前推-推土板下降;后拉-推土板提升

续上表

图中编号	名　称	功　用	使用方法
7	铲刀摆动操纵杆	控制铲刀摆动的方向	前推-铲刀摆动向右;后拉-铲刀摆动向左
8	铲刀侧伸操纵杆	控制铲刀侧伸的方向	前推-铲刀引出向右;后拉-铲刀引出向左
9	铲土角调整操纵杆	调整铲土角	前推-铲土角减少;后拉-铲土角增大
10	铲刀右升降油缸操纵杆	控制铲刀右侧的升降	前推-铲刀右侧下降;后拉-铲刀右侧提升

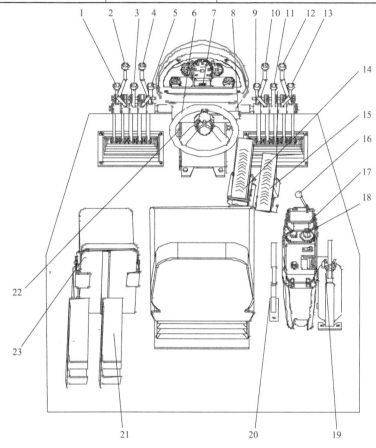

图 5-4　GR1803 型平地机操纵装置

1-左铲刀升降操纵杆;2-推土板升降操纵杆;3-铲刀回转操纵杆;4-铲土角变换操纵杆;5-前轮倾斜操纵杆;6-转向盘;7-仪表盘;8-组合开关;9-铰接转向操纵杆;10-铲刀摆动操纵杆;11-铲刀引出操纵杆;12-松土器操纵杆;13-右铲刀升降操纵杆;14-制动踏板;15-加速踏板;16-挡位选择器;17-操纵箱;18-电源指示灯;19-灭火器;20-驻车制动器操纵杆;21-枪托;22-操纵台锁定操纵杆;23-副操作员座椅

5.2.3　发动机的起动与停止

5.2.3.1　PY180 型平地机发动机的起动与停止

1)起动前检查

(1)检查燃油油位。

(2)检查柴油机机油油位。

(3)检查柴油机空气滤清器进气阻力指示器是否正常。

(4)在铲刀着地、液压油为冷却状态时,检查液压油箱油位。

2)起动

(1)解除停车制动,将变速杆置于空挡位置。

(2)插入点火开关上的钥匙,旋转到Ⅰ位。

此时所有的灯都应工作正常,各种仪表显示指示准确,表明整机路线正常,否则应检修。

(3)踩下加速踏板(大约为全行程的1/4)。

(4)旋转起动开关(第Ⅱ位),待柴油机起动后,立即释放起动开关。为保护蓄电池,一次连续起动不要超过15s,再次起动间隔1~2min。

3)整机预热

平地机长期停放后,特别是在气温接近或低于0℃时,柴油机起动后,应将柴油机置于中速预热,使变速器和液压系统升温。当气温低于0℃时,工作初期的0.5h,柴油机不能超过正常转速的1/2或2/3。变速器和液压系统预热后方可开动平地机。

(1)变速器升温方法。

①接合手制动。

②起动柴油机并以中速运转。

③将变速杆放置"前进"或"后退"挡的第Ⅴ或第Ⅵ挡位上,进行多次换挡,直到变矩器温度表显示约60℃。

(2)作业液压系统加热。

在变速器升温的同时,用移动液压缸的方法进行作业液压系统升温。注意加热过程中禁止将变速杆到最终端位置。

4)工作中的检查

(1)发动机起动后,检查仪表应正常显示,红色指示灯不应亮起。

(2)发动机在各种转速下是否运转平稳,排烟正常,声响无异,无焦味和渗漏。

(3)检查传动系统的工作情况,是否有过热、发响、松动和渗漏现象。

(4)检查转向情况:顺、逆时针转动转向盘时,转向盘应灵活,前轮也应随之转动。

(5)检查制动系统情况:柴油机起动后制动工作压力指示灯应熄灭;行驶一段距离之后,踏下行车制动踏板,检查制动系统。

(6)检查轮胎气压和车轮固定情况。

(7)检查工作装置及操纵系统的连接固定和工作情况,检查有无渗漏、噪声、抖动和拖滞等不良现象。

(8)检查照明、信号设备的连接及工作情况。

5)停止

(1)将油门踏板逐渐降至急速位置,急速运转3~5min。

(2)逆时针转回起动钥匙,发动机熄火,切断电源总开关。

5.2.3.2 GR1803型平地机发动机的起动与停止

1)起动前检查

(1)检查发动机燃油量、机油量、冷却液是否充足。

(2)检查液压油应加注到油标尺中上位。
(3)检查铲刀回转涡轮箱油位。
(4)检查各部位连接是否松动及各油管、水管及各部件的密封性。
(5)检查轮胎气压是否符合规定。
(6)检查照明和喇叭系统工作是否正常。
(7)检查操纵杆是否灵活并放在中位。
(8)检查空调器处于非工作状态。
(9)检查停车制动工作是否可靠。
(10)检查座椅安全带及各种安全装置是否正常。

2)起动

(1)将位于操纵箱上的变速杆置于空挡位置、工作装置操作手柄置于中位。
(2)接通电源总开关。
(3)旋转钥匙开关,接通控制仪表电源,稍微踩下油门踏板。
(4)按下起动开关,接通起动马达,发动机起动。发动机起动后,立刻松开起动开关。起动时间不应超过10~15s,若须二次起动,中间间隔时间不应少于1min。起动时挡位选择器必须放在中位。如果连续三次不能起动,应查明原因,确认排除故障后再起动。

3)发动机起动后的检查

(1)发动机起动后,应以750~850r/min的转速进行3~5min的升温运转,密切注意仪表的指示是否正常。如果无异常情况,且制动压力指示灯熄灭,此时可解除停车制动,准备行车。
(2)不能让发动机在高速空挡或低速空挡上连续运行20min以上。如果有必要,让发动机在空挡位运行,应不时施加一负载或让发动机置于中速挡运行。

4)行驶和作业检查

(1)检查发动机传动系统是否有不正常响声。
(2)检查行车制动是否安全可靠。
(3)检查转向是否灵活可靠。
(4)检查灯光仪表是否有效,各指示是否正常。
(5)检查工作装置工作是否正常。

5)停止

(1)将加速踏板置于怠速位置,怠速运转3~5min。
(2)按下熄火按钮使发动机熄火,并将钥匙开关旋转至0位,切断电源总开关使电路断开,将钥匙拔出。

5.2.4 驾驶

1)基础驾驶

(1)起步。

将铲刀、松土器置于行驶状态,将变速杆置于"前进""后退"上的第Ⅰ或第Ⅱ挡位置。鸣喇叭,释放停车制动,踩动加速踏板,平地机即开始行驶。

(2)变速。

行驶时要注意检查指示灯和仪表。充电指示灯(红色)、制动压力灯(红色)、液压滤油器指示灯(红色),机器运转正常时以上指示灯均应熄灭。

变速器压力表指针应指在 1.6~1.8MPa 之间。冷却液温度表指针应指在 80~100℃之间。柴油机机油压力表指针应指在 0.35~0.55MPa 之间。如果上述指示灯之一显亮或变速器压力表、机油压力表、冷却液温度表显示异常,应立即熄灭柴油机,检查故障原因。特别是在行驶时制动压力灯亮,应停车检查制动系统。

平地机在行驶作业时,应注意观察变矩器油温表,变矩器油温表应在 80~110℃之间,短时间内允许达到 120℃。如温度达到 120℃,应立即松抬油门踏板、变换挡位、减速行驶,待温度下降后再恢复原行驶作业速度。

根据道路情况选择适合的速度行驶。由低挡变高挡时,先踏下油门踏板,使车速提高,再放松油门踏板,同时将变速杆置于高挡位置;由高挡变低挡时,先放松油门踏板,降低车速,如车速仍较高,可利用行车制动使车速降低,再将变速杆从高挡置于低挡位置。

(3)转向。

平地机可以实现前轮转向和铰接转向,用转向盘控制前轮转向;铰接机架转向由操纵杆控制。铰接转向前,要先拔掉铰接油缸下的安全杆。

(4)制动。

参见 TLK220A 型推土机制动的相关内容。

(5)倒车。

参见 TLK220A 型推土机倒车的相关内容。

(6)停车。

释放加速踏板;将变速杆置于空挡,踏下制动踏板,直至平地机停稳;拉紧手制动。将工作装置置于地面,将起动开关钥匙转到"0"位,使柴油机熄火。不要在满负荷下熄灭柴油机,应经空运转 1~2min 后再熄灭。如果平地机停在坡地上,应将在车轮楔住。

如平地机需拖行,应将变速杆置于空挡。如果可能,应使柴油机运转,此时转向和制动辅助装置仍然有效。如果平地机用钢丝绳拖行,牵引车和平地机之间严禁人员停留。

(7)驾驶安全规则。

①行驶前须将工作装置置于行驶状态。

②在道路上行驶时,要注意交通信号和交通标志,严格遵守交通规则。

③转向、制动性能不好时,不准出车,气压低于 0.4MPa 不得起步。

④行驶时,应严格控制超高、超宽,必要时将超高、超宽部分预先卸下,另行运输。

⑤在泥泞或冰雪道路上行驶,应采取防滑措施(如戴防滑链等)。

⑥经过桥梁(涵洞)时,必须预先了解桥梁(涵洞)的载重量,禁止超限通过。

⑦在道路上行驶时,应尽量靠右侧,人员应一律从右侧上、下机械。

⑧通过铁路时,必须看清信号和道路两端的情况,迅速通过。

⑨通过泥泞或松软地段时,应选择直线、中速行驶,避免转向、变速和制动。

⑩在行驶中停车时,须用手制动器制动,将变速杆置于空挡。

2)式样驾驶、道路驾驶、复杂条件下驾驶和夜间驾驶

平地机的式样驾驶、道路驾驶、复杂条件下驾驶和夜间驾驶方法参见 TLK220A 型推土机的相关内容。

5.3 平地机的作业

5.3.1 基本作业

平地机的作业主要是铲土侧移、挖沟和刮坡。在作业前应根据作业的要求,通过操纵杆的配合动作调整铲刀的铲土角、平面角、倾斜角以及铲刀的侧伸倾斜等,以适应不同工况的需要。

1)作业准备

(1)铲土角调整。

平地机装有液压角位器,通过操纵控制手柄,可实现铲土角的调整。一般土壤较硬时,铲土角应调小,反之调大。

(2)平面角、倾斜角调整。

铲刀在回转涡轮箱内小齿轮的驱动下,可以 360°回转。平面角、倾斜角是根据作业的需要,通过操纵铲刀回转或铲刀升降来改变的。回转铲刀时,应注意不要碰撞轮胎、变速器、护板等部位,以免损坏机件。

(3)铲刀左(右)侧伸的调整。

铲刀左(右)侧伸的调整通过操纵铲刀侧伸操纵杆实现。

(4)松土器调整(PY180 型平地机)。

当需要松土器工作时,将弹簧销拆下,把耙齿轴拉出,便可改变耙齿的工作位置。耙齿放下,再把定位杆推回。如需减少耙齿数量,耙齿之间需放置间隔套以防耙齿左右移动。松土作业时,利用铲刀升降液压缸,使松土器得到合适的入土深度,其最大入土深度为 150mm,如图 5-5 所示。

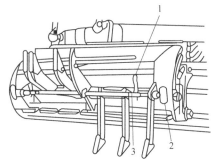

图 5-5 松土器调整
1-弹簧销;2-耙齿轴;3-支架

2)基本作业方法

(1)平整作业。

平整作业适用于修整路基、平整场地、回填沟渠或铺散筑路材料等。

作业时应根据工程的要求和土质情况,适当地调整铲刀角度,以Ⅰ挡或Ⅱ挡前进,将铲刀下降切入土中,根据负荷和地形情况,随时调整切土深度、平面角度和行驶方向,使铲起的土壤沿刀面侧移,卸于平地机一侧[图 5-6a)]或两轮之间[图 5-6b)]。但要注意,不应使土垄处于后轮的轨迹上,否则,将会影响平地机的牵引力,并会造成铲切地段的高低不平。

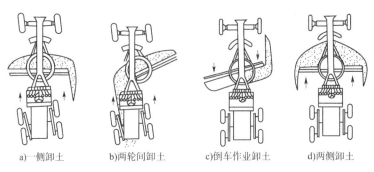

a)一侧卸土　　b)两轮间卸土　　c)倒车作业卸土　　d)两侧卸土

图 5-6　铲刀侧向卸土位置

在填塞沟渠时,应使铲刀向沟渠方向侧伸,将土壤卸于沟内,并保证机械行驶的安全。倒车时可将铲刀回转180°,进行倒车作业[图5-6c)],以提高作业效率。

在铲土的最后阶段进行平整或铺设沙石等材料时,应将铲刀调至与其纵轴线成90°,平地机以Ⅱ挡或Ⅲ挡前进,调好铲刀的高度,少量切土,使铲切的土壤大部分向前推运,少量溢于两侧[图5-6d)]。对于溢出的土壤,可将铲刀降至地面,以较高的行驶速度将土壤完全铺平。

在曲折的工作线上,操作员要把准方向或利用全轮转向方式,机动灵活地进行作业,如图5-7所示。

图 5-7　曲线作业

(2)挖沟作业。

挖沟作业用于开挖道路的边沟和场地的排水沟。挖沟时一般将铲刀斜置,以铲刀一端着地进行作业,如图5-8、图5-9所示。

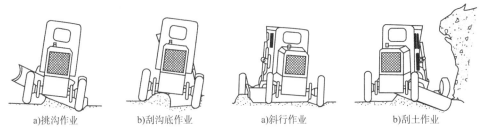

a)挑沟作业　　b)刮沟底作业　　　　　a)斜行作业　　　b)刮土作业

图 5-8　挖沟作业(一)　　　　　　　图 5-9　挖沟作业(二)

挖沟作业包括标定、加深和修整三个阶段,如图5-10所示。作业前应清除障碍物,并进行粗略的平整。必要时将土壤耙松,标出沟渠的中心线。

阶段	循环	行程	作业过程	平面角	铲土深	倾斜角	速度	图 示
标定作业		1	标定	35°	15°	9°	Ⅰ	
加深作业	1	2	铲土	35°	15°	11°	Ⅰ	
		3	运土	45°			Ⅱ	
	2	4	铲土	35°	24°	17°	Ⅰ	
		5	运土	45°			Ⅱ	
	3	6	铲土	35°	16°	21°	Ⅰ	
		7	运土	45°			Ⅱ	
修整作业		8	修整			33°	Ⅰ	
		9	修整	35°		21°	Ⅰ	
		10	运土	45°			Ⅱ	

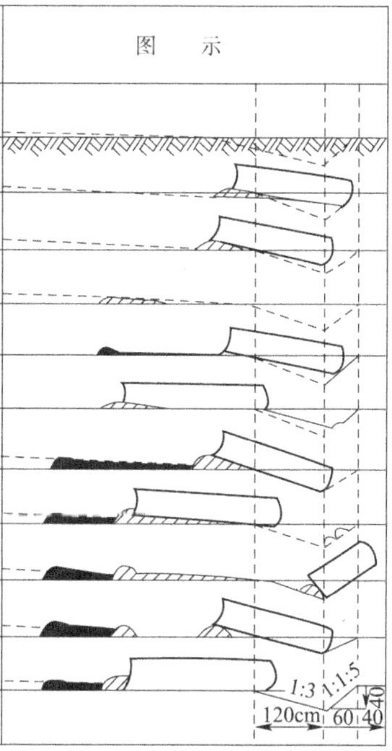

图 5-10 挖沟作业(三)

①标定作业。

标定作业对整个作业质量,尤其是对沟槽方向的正直有很大影响。作业时,铲刀的铲土端与前轮外缘对齐,并使前轮向沟的内侧作适当的倾斜,铲刀端在沟内要距沟槽外缘 15～30cm。

平地机以Ⅰ挡前进,铲刀前端下降进行铲土,铲土的深度一般不超过 10cm;铲刀后端升起距地面约 40cm,使铲切的土壤在铲刀中部卸于两轮之间。

在作业过程中要注意掌握平地机的行驶方向,使其沿标线前进,以保证开挖沟槽的正确位置。

②加深作业。

加深作业是在标定作业之后,依次进行铲土和运土。每次铲土均应适当地内移,以留出一定宽度的阶梯。所留各阶梯的宽度应大于或等于各次铲土的深度,以使每次铲土与侧坡设计线相吻合。作业时,平地机以Ⅰ挡前进,使铲刀前端下降,后端升起,铲刀的正确位置应使每次铲土所形成的土垄处在后轮内侧,以保证平地机行驶稳定。随着铲土阻力大小的变化及时调整铲土的深度,但一次不能调整过多,以免造成波浪形而影响下一行程的作业。每次铲土的深度和宽度应尽量保持一致,最后一次铲土必须铲至沟的全深和全宽。一般每铲土一次都要运土一次或两次,运土时根据土壤情况和土垄的大小,将铲刀伸出土垄外 10～20cm,并使运土形成的土垄处在后轮的外侧。此外,在每次的铲土和运土过程中,为保持平地机的稳定性和便于掌握行驶的方向,应使前轮向沟的内侧做适当的倾斜。

③修整作业。

修整作业主要是将沟槽挖至全深后对外侧坡进行修整。作业时根据地形条件,可使平地机跨在沟槽上,将土壤铲切至沟的外沿或用铲刀后端铲切于沟内,然后进行清除,如受地形限制,可将铲刀侧引倾斜于平地机的一侧,使平地机沿沟槽行驶,将土壤铲切于沟内,而后进行清除。

(3)刮坡作业。

刮坡作业如图 5-11 所示,主要用于铲刮修整 25°～70°、3～4m 高的侧坡。作业前要按铲刀侧引倾斜的调整方法将铲刀调至平地机一侧,然后使铲刀上端朝前,以Ⅰ挡前进,下降铲刀进行铲土。作业过程中,以转动回转圈或移动铲刀调整刮坡的高度,以升降铲刀调整刮坡的坡度。为了增加平地机作业的稳定性,应将前轮向侧坡方向倾斜。

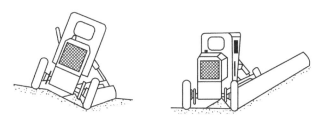

图 5-11 刮坡作业

为了提高作业效率,最好用两台平地机配合作业,用未侧引倾斜铲刀的平地机平整路基表面,另一台铲刮侧坡土壤。

3)作业中的安全规则和注意事项

(1)平地机作业时必须在起步后才让铲刀和松土器切土,否则,就会引起起步困难和损坏机件等事故。

(2)作业中升降铲刀左右端时,应逐次一下一下地拨动操纵杆,避免使操纵杆每次拨动的时间过长,否则,会引起过多的切削,使机械超载打滑,以及造成作业面的波浪形等。

(3)作业中的各类铲刮作业都应采用低速挡行驶,刀角铲土和使用松土器时要用Ⅰ挡,其他刮土与平整作业,可视情况采用Ⅱ挡或Ⅲ挡行驶。

(4)在横坡超过 10°时,禁止平地机在该地段上作业。

(5)在新填路基边缘作业时,距路基边缘至少有 1m 的距离,以免发生事故。

(6)行驶时要先将铲刀与松土器升到最高位置,并将铲刀回转到最小的刮土角,不让铲刀的两端突出机外。

(7)行驶或作业中,不准站立或乘坐在平地机的平衡架或车架、回转圈上。

5.3.2 应用作业

1)修筑路基

平地机修筑路基作业就是按路基规定的横断面图的要求开挖边沟,并将边沟内所挖出的土移送到路基上,然后修成路拱。

平地机修筑路基作业的施工程序通常是从路的一侧开始前进,到达预设标定点后掉头,又从另一侧驶回,这样一去一回叫作一个行程。

图 5-12 所示为平地机修筑路基时的施工程序。首先,平地机以较小的铲土角(视土

壤的性质可以在30°～40°范围)用刀角铲土侧移实施挖沟作业;然后以较大的铲土角,用侧移法将松土自两边铲送到路中心;最后以平刀(铲土角90°)或较大斜刀将中心的小土堆刮散或刮向路边,使之达到设计要求。铲土和送土需要多少行程应视路基宽度和边沟大小以及土壤的性质而定。最后平整一般只需2～3个行程。

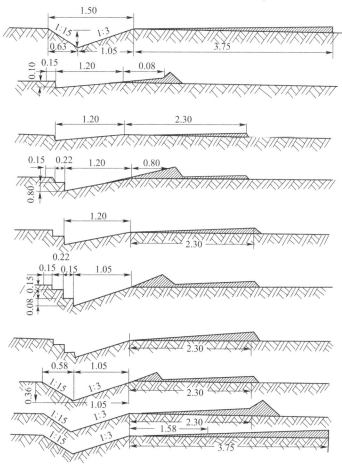

图5-12 修筑路基施工程序(尺寸单位:m)

由于从边沟挖出的土壤是松散的,平地机驶过后必然会压成一条条凹槽,这样当平地机在第二层刮送土壤填铺路拱横坡时,就很难掌握正确的标准,而且还不容易把凹槽刮平。为了使平地机运送的土壤摊平,刮送第一层时,就将前后轮都转向,让车身侧置,前后轮正好错开位置。此时,平地机轮胎在一次行程的刮送工作中,就可将前一行程的大部分碾压一遍,这样非常有利于第二层的刮送,并易于掌握路拱坡度的标准。

如以两部平地机联合作业,应前后梯次配置进行,并进行分工(一台平地机铲土,另一台平地机运土)。这样便能减少铲刀铲土角的调整,充分发挥平地机的作业效率。为使两台平地机作业时互不影响,两机相距应不小于20m。

2)开挖路槽

在铺筑砾石路、碎石路、沥青路以及改善土路时,可用平地机开挖路槽。根据设计要求不同,开挖路槽方式有三种:一种是把路基中间的土壤铲出挖成路槽,土壤就地抛弃;另一种是在路基两侧堆起两条路肩筑成中间一条路槽,使用这种方法可以与修整路形同时进行,可以利用整型的余土或预留余土来堆填,这种方法比第一种经济;第三种方法是开挖路槽到一半深度时,再把挖起的土壤做成路肩,挖填土方量相等(但必须事先通过设计计算),其比上述两种方法更经济合理,施工程序如图 5-13 所示。

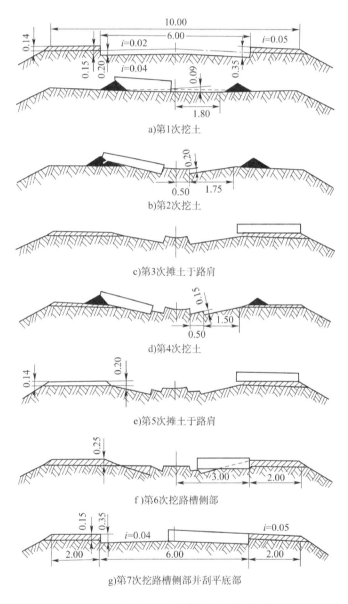

图 5-13 在现有路面上开挖路槽程序(尺寸单位:m)

3)拌和及摊平改善路面材料

在改善路面材料时,可用平地机将改善材料与路基上的土壤拌和,其基本方法有三种,如图 5-14 所示。

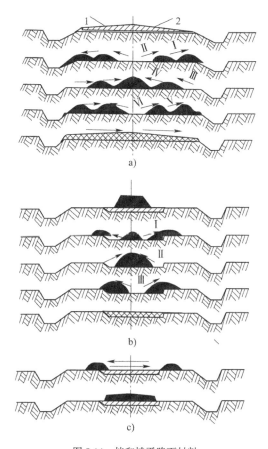

图 5-14 拌和摊平路面材料
1-料层；2-路基土；Ⅰ、Ⅱ、Ⅲ、Ⅳ、Ⅴ、Ⅵ-平地机铲刀拌和次序

(1) 修筑石灰路面时,土壤和石灰在路基上的拌和作业。

修筑石灰路面施工作业的程序如图 5-14a) 所示。在经过耙松及刮平的土层上,先用铲刀铺一层掺合料(石灰或沙子等),然后与土壤一起拌和。先将料向外刮,第一行程用斜铲沿路的一侧铲入,深度到硬土层为止,此时被铲出的土壤与掺合料就在路肩上形成一条料堤;然后向路中侧移机进行第二行程,再把土壤与掺合料刮堆到路肩一侧,形成第二条料堤。初次拌和,所需铲刮次数视路宽而定。

第二次拌和是将料堤依次铲向路中心,以后各次拌和依此类推,至拌和均匀后摊平并修成路拱即可。

(2) 掺合料堆置在路基中线上修筑路面的拌和作业。

先把掺合料堆置在经过翻松的路基中心线上,如图 5-14b) 所示,然后将料堆同路基土一起向两边铲刮,完成初次拌和。经过反复铲刮拌和直至拌匀为止,最后铺成路面,修好路拱。

(3) 掺合料堆置在路基两侧路肩上进行修筑路面的作业。

掺合料如堆在路基两侧的路肩上,如图 5-14c) 所示。在这种情况下,应先将两侧的料堆向路中铲刮并加以铺平,最后按在路基上拌和土壤与掺合料的方法进行拌和。

4) 养护道路

养护土路和砾石路的主要工作是及时刮平车辙,这个工作用平地机进行最为有效。其作业方法通常是:从路肩上铲土,将车辙填平。土壤不够时,可从边沟挖取补充,如图 5-15 所示。为保持土路、砾石路长期完好状况,在日常养护中,应利用平地机在规定周期内进行有计划的刮削平整,并清除路肩上的草皮。

5) 清除积雪

一般情况下,用平地机清除道路上的积雪是很有效的。作业时,清除宽度不大且积雪不厚(30cm 以下)时,平地机可从路中心依次向外推运,如图 5-16 所示;而当清除宽度较大和积雪较厚时,应从两侧开始推运,以免形成大的雪垄而无法推运。作业时的平面角应调为 40°~50°,倾斜角不应超过 3°。

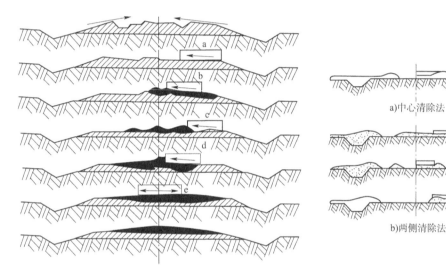

图 5-15 用平地机修复土路　　图 5-16 平地机清除积雪作业
a-中心清除法;b-两侧清除法;c、d、e-边沟取土修补平整法

当积雪较厚时,平地机应安装扫雪装置进行作业。

5.4 平地机的维护与常见故障排除

5.4.1 PY180 型平地机的维护

1) 每班维护(每工作 8h)

(1) 排放油水分离器中的积水,检查燃油数质量,不足应添加。

(2) 检查冷却液数量,不足应添加。

(3) 检查机油数质量,不足应添加。

(4) 检查传动皮带张紧度和皮带完好程度,如有裂碎边应更换。

(5) 柴油机起动后,应检查机油温度表、机油压力表、冷却液温度表、转速表是否正常。

(6)检查空气供给系是否有漏气现象。

(7)检查各部紧固和密封情况。进/排气歧管和油、水管道接头应紧固密封,如有松脱或渗漏应检修。

(8)检查紧定空气滤清器和排进气管等部位的连接螺栓。

(9)作业后应清洁柴油机表面油污和灰尘,排除故障。

(10)检查液压油数量,检查液压系统各管路有无泄漏。

(11)检查液力变矩器工作情况。

(12)检查变速器的工作情况。变速器各挡位变换灵活可靠。

(13)检查转向系统的工作情况。转向操纵(前、后轮)应灵敏、无阻滞,不抖动;转向液压缸、梯形拉杆、斜拉杆各连接轴销、球销及转向主销不应松旷或卡滞。

(14)检查制动系统的工作情况。制动应灵敏,不跑偏,驻车制动器应工作可靠。

(15)检查工作装置的工作情况。工作装置的升降、回转、侧移应灵敏、平稳,无阻滞或摆动;耙齿、刮刀、牵引架、各液压缸、推杆、摇臂的连接轴销、球销应转动灵活,不应松旷或卡滞。

(16)检查车轮倾斜拉杆是否正常,转向拉杆和转向油缸铰接是否可靠,后桥各销轴、螺栓连接是否可靠。

(17)检查随车工具、附件是否放置正确。

(18)检查整车紧固情况。

(19)作业结束后,放尽储气筒内的余气和油水分离器的污物。

(20)每班维护结束时,各工作开关、操纵杆置于起动位置,并对机体进行清洁。

2)一级维护(每工作100h)

(1)完成每班维护。

(2)清洁空气滤清器。

(3)更换燃油滤清器。

(4)更换机油滤清器。

(5)检查柴油机各系统有无漏油、漏水或漏气现象。

(6)检查清洁蓄电池,紧固连接导线。

(7)检查液力变矩器、变速器、后桥、涡轮箱、平衡箱、液压油箱的油液数量。

(8)检查制动液数量。

(9)检查工作装置有无裂缝、变形、焊缝,如有应修补。

(10)向工作装置和行走装置等各铰接处加注润滑脂。

(11)检查轮胎气压。

3)二级维护(每工作300h)

(1)完成一级维护。

(2)更换柴油机机油。

(3)检查调整气门间隙。

(4)检查防冻液及防冻液添加剂浓度。

(5)更换水滤清器。

（6）检查各油、水、电气元件以及各紧固件的紧固情况。

（7）检查水泵是否泄漏。

（8）检查、调整蓄电池电解液密度。

（9）清洗机油冷却器、清洗机油、燃油管路，清除油垢后应吹干管路。

（10）排放润滑油、液压油箱沉淀物。平地机停驶6h后，放出变速器、后桥箱、平衡箱和液压油箱内的沉淀物，添加规定油液。

（11）清洗工作装置液压系统和转向液压系统滤油器，用清洗液清洗滤网、滤芯，清除磁铁上的铁屑，晾干或用压缩空气吹干后装复。

（12）检查调整传动链条张紧度，不当应调整。

（13）检查调整驻车制动器间隙和操纵杆行程。驻车制动器处于松放状态时，制动摩擦片与制动鼓之间应保持0.2~0.3mm的间隙；操纵杆行程应保证操纵杆处于齿板全长2/3位置时，驻车制动器能充分制动。

（14）检查调整液力变矩器进出口压力，转向操纵压力，使其压力在正常数值内。

4）三级维护（每工作900h）

（1）完成二级维护。

（2）检查输油泵工作性能。

（3）检查喷油泵和喷油器的性能。

（4）检查调整供油正时。

（5）检查节温器性能。

（6）检查增压器轴承间隙。

（7）清洗冷却系统。

（8）清洗燃油箱。

（9）更换制动液，排除制动油路中空气。

（10）清洗轮毂内腔及轴承，加注润滑脂；装配时拧紧调整螺母，再退回1/8圈。

（11）检查调整前束值。不当时应通过改变横拉杆的长度进行调整。

（12）进行轮胎换位。按照"前后、左右"互换的原则进行轮胎换位。

（13）检查调整环轮间隙。

（14）检查调整球节间隙。

（15）检查调整后桥托架与导板的配合间隙。

（16）检查调整平衡箱轴向移动量。

（17）拆检制动总泵、车轮制动器、驻车制动器。分解清洗各零件、更换橡胶密封件；制动摩擦片磨损至铆钉接近外露应换铆新片；复位弹簧失效应更换。

（18）过滤液压油及齿轮油；趁热将油液放出沉淀6h，清洗各齿轮箱、液压油箱、粗滤油器、加油滤网、通气塞后按规定加注油液。

（19）整机紧固、修整。补换缺损的螺母、螺钉、螺栓、轴销、锁销、卡箍等；刀片磨损严重应调角调面使用，耙齿磨损应调整长度；纵梁、横梁、牵引架、各操纵轴、摇臂等有裂损应焊修。

5）润滑表

PY180型平地机润滑表见表5-3。

PY180 型平地机润滑表　　　　　　　　　　　　　　　　　　　表 5-3

序号	润滑部位	润滑剂	用量
1	推土板油缸活塞杆轴承	2#钙基润滑脂	适量
2	前推土板轴承		适量
3	推土板油缸轴承		适量
4	车轮倾斜油缸轴承		适量
5	前桥轴承		适量
6	车轮倾斜拉杆		适量
7	车轮倾斜转向节		适量
8	摆动油缸轴承		适量
9	牵引杆轴承		适量
10	回转圈		适量
11	摆架轴承		适量
12	铲刀切削角油缸轴承		适量
13	摆动油缸活塞杆轴承		适量
14	提升油缸轴承		适量
15	摆动架闭锁销		适量
16	铰接油缸轴承		适量
17	松土器支撑轴承		适量
18	松土器支撑油缸		适量
19	前轮轴承		适量

5.4.2　PY180 型平地机常见故障原因和排除方法

PY180 型平地机的发动机的常见故障原因和排除方法参见 JY200G 型挖掘机的相关内容。底盘、工作装置、液压系统和电气系统的常见故障原因和排除方法见表 5-4。

PY180 型平地机常见故障原因和排除方法　　　　　　　　　　　　表 5-4

故障现象	故障原因	排除方法
无法挂挡	变速杆没有正确调节或根本没连接上	调节连接
某挡换挡压力过低（观察压力表）	密封件、活塞环、齿式离合器磨损或破裂	检查或更换受损零件
各挡换挡压力均过低（观察压力表）	1. 油位过低； 2. 变速泵有故障； 3. 换挡压力不正常	1. 加油至规定油位； 2. 检查变速泵； 3. 检查换挡压力
油温过高（观察仪表盘上的温度表）	1. 油位过低； 2. 油冷却散热片堵塞； 3. 过长时间地用高挡位或低挡位行驶； 4. 变矩器安全阀出故障	1. 加油至规定油位； 2. 清洗油冷却器散热片； 3. 变换不同行驶挡位行驶； 4. 检查安全阀

续上表

故障现象	故障原因	排除方法
制动失灵	1. 制动系统中进入空气； 2. 制动管路接头渗漏	1. 排出系统内空气； 2. 拧紧接头并更换密封件
转向不灵	1. 转向液压系统压力过低； 2. 接头和管路渗漏； 3. 液压转向器或液压转向泵损坏	1. 检查转向液压系统压力及有无渗漏； 2. 检查渗漏处并更换零件； 3. 检查并更换
前轮摆震	转向缸或拉杆轴承磨损	更换新轴承或相应的球铰
工作装置操纵失灵或不能保持所选定的位置	1. 液压油箱中液压油不足； 2. 油缸中的活塞密封件损坏； 3. 安全阀调定压力不正确； 4. 安全阀不能保持需要的压力	1. 加至规定油位； 2. 更换密封件； 3. 检查并重新调整； 4. 更换弹簧或阀
铲刀颤动	导向间隙过大	更换导板和衬套
铲刀不能旋转	1. 液压马达管路接头渗漏； 2. 液压马达中的零件有磨损	1. 拧紧或更换密封件； 2. 更换液压马达
液压泵工作噪声太大	1. 液压油箱中液压油不足； 2. 液压泵损坏	1. 加至规定油位； 2. 更换液压泵
操纵杆不能自动回到中位	复位弹簧太软或折断	更换复位弹簧
照明灯或指示灯不亮	1. 熔断丝熔断； 2. 灯泡损坏	1. 更换熔断丝； 2. 更换灯泡
空调等电器设备不工作	1. 熔断丝熔断； 2. 电气设备损坏	1. 更换熔断丝； 2. 更换电气设备
仪表等部件显示异常	1. 电路故障； 2. 零部件损坏	1. 检查电路； 2. 检查并更换

思考题

1. 平地机可完成哪些应用作业？
2. 简述平地机作业时的安全规程和注意事项。
3. PY180型平地机铲刀的各种角度如何调整？
4. 简述PY180型平地机底盘和工作装置一级维护的主要内容。

第6章 压路机

6.1 概 述

6.1.1 用途

压路机是一种利用机械自重或者振动载荷,对被压实材料重复加载,排除其内部的空气和水分,使之达到一定压实密实度和平整度的工程机械。它广泛用于公路、铁路路基、机场跑道、堤坝及建筑物基础等基本建设工程作业。

6.1.2 分类

压路机按压实工作原理不同分为静力式压路机、振动式压路机和冲击式压路机。
1)静力式压路机

静力式压路机是靠碾压轮的自重及荷重所产生的静压力直接作用于铺筑层上,使土壤或材料的固体颗粒相互靠紧,形成具有一定强度和稳定性的整体结构。

根据碾压轮结构不同,静力式压路机分为静光轮、轮胎式和羊脚碾式压路机。

(1)静光轮式压路机。

①根据碾压轮及轮轴数目分为二轮二轴式、三轮二轴式和三轮三轴式压路机。

②根据整机质量分为小型(3~5t)、轻型(5~8t)、中型(8~10t)和重型(10~20t)压路机。

静光轮式压路机在压实地基方面不如振动式压路机有效,在压实沥青铺筑层方面又不如轮胎式压路机性能好。可以说,凡是静光轮式压路机所能完成的工作,均可用其他形式的压路机来代替。所以,无论从使用范围,还是实用性能来分析,都是不够理想的。但由于其具有结构简单、维修方便、制造容易、寿命长和可靠性好等优点,目前在我国还在生产,并在大量地使用。

(2)轮胎式压路机。

①按轮胎在轴上安装方式分为各轮胎单轴安装式、通轴安装式和复合式安装式压路机。

②按转向方式分为偏转车轮转向、转向轮轴转向和铰接转向式压路机。

由于轮胎式压路机在碾压时轮胎会产生变形,不仅使铺筑层土壤或材料不仅受到垂直静压力的作用,还受到水平作用力的影响,形成所谓"揉压"作用,可以消除"虚"压实现象。同时，由于轮胎的变形，静压力作用在铺筑层上的时间延长，有利于黏性土壤的压实。但是，轮胎容易损坏，压路机使用费用高，碾压轮平均接地压力的调整工作较麻烦。

（3）羊脚碾式压路机。

按行走方式分为拖式和自行式羊脚碾式压路机。

自行式一般为可换碾压轮，可与光轮互换。

由于羊脚碾的羊脚可以直接压入铺筑层的土壤内，而使单位静压力增大，有利于黏性土壤路基的压实。但羊脚碾式压路机不能获得平整的压实表面层，而且对沙性土壤压实效果也不够理想。

2）振动式压路机

振动式压路机是靠振动机构所产生的高频振动和激振力的共同作用，使铺筑层土壤或材料的固体颗粒产生相对运动，重新排列，并在激振力的作用下相互嵌紧，形成密实稳定的整体结构。由于土壤或材料的固体颗粒在运动中，其内摩擦阻力变小，所耗费的压实能量较小，压路机压实影响深度较大。因此，振动式压路机结构质量较小，压实厚度大，作业效率高，压实层密实度较均匀。振动式压路机还能实施静力碾压，使其作业范围扩大。但是振动式压路机结构复杂，对使用与维修技术要求较高，振动机构的振动对操作员和压路机本身有不良影响，而且振动压实对含水率较大和黏性土壤的压实效果不够理想。

振动式压路机有下列类别：

（1）按结构质量，分为轻型、小型、中型、重型和超重型压路机。

（2）按行驶方式，分为自行式、拖式和手扶式压路机。

（3）按振动轮数量，分为单轮振动、双轮振动和多轮振动式压路机。

（4）按驱动轮数量，分为单轮驱动、双轮驱动和全轮驱动式压路机。

（5）按传动系传动方式，分为机械传动、液力机械传动、液压机械传动和全液压传动式压路机。

（6）按振动轮外部结构，分为光轮、凸块（羊脚碾）和橡胶滚轮式压路机。

（7）按振动频率和振幅，分为单频单幅、单频双幅、单频多幅、多频多幅和无级调频调幅式压路机。

3）冲击式压路机

冲击式压路机利用重物冲击土壤，使其在动载荷作用下产生永久变形而密实，例如各种形式的夯实机、强夯机。这种机械加载时间短，但对土壤的作用力大，适用于黏性较低的土壤，如砂土、亚砂土等的压实以及机场跑道基础的夯实。在沟槽复土，桥涵旁的填土等工作面比较狭窄的地方应用较多。这种机械的生产率不及其他压实机械高，因而在大面积的道路工程中使用不太广泛。

6.1.3 技术参数

压路机主要型号有 YZ14J 型、XS142J 型和 XS262J 型。常用压路机的主要技术性能见表6-1。

压路机主要技术性能　　　　　　　　表6-1

参　数			机　型	
			XS142J	XS262J
质量	工作质量(kg)		14000	26000
	前轮分配(kg)		6700	13000
	后轮分配(kg)		7300	13000
压实性能	静线载荷(N/cm)		315	582
	名义振幅(mm)		1.9/0.95	1.9/0.95
	振动频率(Hz)		28	27/32
	激振力(kN)		274/137	405/290
	前进/后退 (km/h)	Ⅰ档速度	2.7/2.7	2.52
		Ⅱ档速度	4.8/4.7	4.95
		Ⅲ档速度	10.5	8.1
	理论爬坡能力(%)		30	35
	最小转弯外半径(mm)		6800	6800
动力系统	型号		6BTAA5.9-C150	SC8D190.2G2
	冷却形式		水冷	水冷
动力系统	汽缸数		6	6
	额定功率(kW)		112	140
	额定转速(r/min)		2200	2000
	电压(V)		24	24
液压系统额定压力	振动系统(MPa)		16	35
	转向系统(MPa)		16	14
制造厂家			徐州集团工程机械股份有限公司	

6.2　XS142J型振动式压路机的驾驶

XS142J型振动式压路机(图6-1)和XS262J型的发动机振动式压路机均采用柴油机作为动力,采用机械式传动系统、全液压转向系统、气液传动钳盘式制动器,振动系统采用全液压设计。两种机型除柴油机型号不同外,其他系统结构类似。下面以XS142J型振动式压路机为例进行介绍。

6.2.1　基本组成

1)发动机
发动机采用东风康明斯6BTAA5.9-C150型水冷柴油机。
2)传动系统
传动系统主要由离合器、变速器、驱动桥等组成。

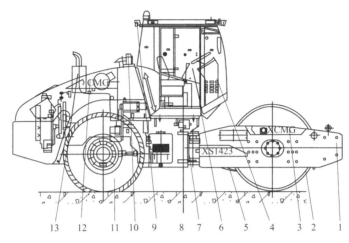

图 6-1　XS142J 型振动式压路机

1-车架;2-振动轮;3-标记;4-操纵系统;5-刮泥板;6-驾驶室;7-气路系统;8-空调系统;9-电气系统;10-液压系统;11-传动系统;12-机罩;13-动力系统

离合器为双盘、干式、弹簧压紧常结合式离合器。变速器为机械传动式,带同步换挡器。

驱动桥主要由桥壳、主减速器、半轴、轮边减速器等组成。桥上安装有两个钳盘式制动器,桥与车架系刚性连接。主减速器为一级螺旋伞齿轮减速器,用于将变速器传来的动力进一步减低转速,增大转矩,并将动力的传递方向改变90°后经差速器传给轮边减速器。差速器主要用于保证内外侧车轮能以不同的转速旋转,从而避免车轮产生滑磨现象。轮边减速器为行星齿轮式,用于将半轴传来的动力进一步减速,增大转矩。

3）传动系统

转向系统为全液压式,主要由转向泵、全液压转向器、转向油缸等组成。转向泵采用齿轮泵,用于向转向液压系统提供压力油。转向油缸用以产生转向驱动力,采用平衡式双油缸布置形式,能使左右两个方向的转向速度一样。全液压转向器由止回阀、安全阀、转向器、双向补油阀和双向过载阀组成。安全阀安装在旁路上,用来限制整个液压系统的工作压力,即限定转向回路的最大压力,保护转向回路。转向器的作用是当转向盘带动转向器转动时,即能接通转向泵通往油缸的管路;不转动时即会自动复位,切断油路。双向补油阀可防止当转向轮受到来自路面的作用力时,转向油缸内产生负压和气穴。双向过载阀用于转向完毕或转向途中遇有冲击阻力时释放封闭管路的瞬时峰值压力,以保护元件。

4）制动系统

制动系统包括停车制动系统和行车制动系统。

停车制动系统为机械操纵蹄式,蹄式制动器安装于变速器上的输出轴上,操纵手柄位于操纵箱与操作员座位中间。

行车制动系统为气液传动钳盘式,主要由钳盘式制动器和制动传动机构组成。钳盘式制动器主要由制动盘和制动钳组成。制动盘通过螺栓固定在轮毂上,可随车轮一起转动。两个制动钳通过螺栓固定在桥壳的凸缘盘上,并对称地置于制动盘两侧。每个制动钳上制有四个分泵缸,缸内装有活塞,缸壁上制有梯形截面的环槽,槽内嵌有矩形橡胶密封圈,活塞与缸体之间装有防尘圈,其中一侧泵缸的端部用螺栓固定有端盖。四个泵缸经油管及制动钳上的内油道互相之间连通。为排除进入泵缸中的空气,制动钳上装有放气嘴。制动摩擦片装在制动盘与活塞之间,并由装在制动钳上的销轴支承。为防止销轴转动,制动钳上装有止动螺栓,用于将销轴固定。

不制动时,制动摩擦片、活塞与制动盘之间的间隙为 0.2mm 左右,因此,制动盘可以随车轮一起自由转动。

制动时,制动油液经油管和内油道进入每个制动钳上的四个分泵中,分泵活塞在油压作用下向外移动,将制动摩擦片压紧到制动盘上而产生制动力矩,使车轮制动。此时矩形密封圈的刃边在活塞摩擦力的作用下产生微量的弹性变形。解除制动时,分泵中的油液压力消失,活塞靠矩形密封圈的弹力自动回位,恢复其原有间隙,使制动摩擦片与制动盘脱离接触,制动解除。

制动传动机构主要由空气压缩机、气体控制阀、储气筒、行车制动阀、加力器、制动钳等组成。

5)车架

车架主要由前车架和后车架两部分组成。前车架不仅起到连接前轮的作用,而且是压实的重要组成部分。后车架安装部件有发动机、蓄电池箱、燃油箱、驾驶室等。

前、后车架通过铰接机构连接,铰接机构起到铰接转向、车架摇摆等作用,铰接转向实现较小转弯半径。

6)工作装置及液压系统

压路机的工作装置采用筒式振动轮结构,分为左右相通的激振室,四点支撑,通过减振器支座与前车架相连接,右侧通过弹性联轴器连接使振动马达的力矩传递到左、右激振器。左、右激振器通过传动轴连接并支撑在幅板上。左右激振室内各加注有一定容量的齿轮油,前轮滚动时,齿轮油通过刮油装置,将齿轮油刮起,进入轴承参与润滑。

单频双幅设计,适合不同工况的压实;合理匹配振动参数,保证振动轮压实能力和高可靠性;采用高性能压路机专用振动轴承,性能优良,轴承润滑充分;运用双骨架油封设计,保证振动室的密封性能。

工作装置液压系统主要由齿轮泵、振动马达、振动换向阀等组成。齿轮泵出口油液方向由电控换向阀控制,从而实现振动马达输出轴正/反转向切换。前轮左、右激振器正/反转向偏心矩不同,从而导致前轮振动幅度不同,实现大振和小振的双振幅功能,以适应压路机对不同类型的材料、不同厚度铺层的有效压实。振动系统特点是振动马达与振动轴的连接采用弹性联轴器连接,减小了起振、停振对振动马达的机械冲击,延长了系统寿命;采用阻尼控制防液压冲击技术,削弱了振动系统的液压冲击,提高了系统的可靠性。

6.2.2 操纵装置与仪表开关的识别与使用

操纵装置、仪表开关的布置、功用与使用方法如图 6-2 和表 6-2 所示。

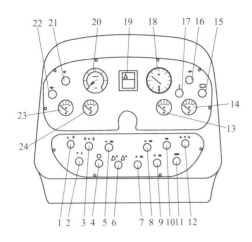
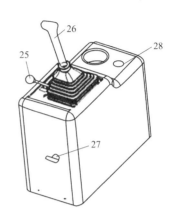

图 6-2 操纵杆、仪表开关的安装位置

1-振动开关;2-钥匙开关;3-振幅选择开关;4-起动按钮;5-暖风开关;6-机罩升降开关;7-前照灯开关;8-预热开关(选配);9-后位灯开关;10-预热指示灯(选配);11-喇叭按钮;12-转向灯开关;13-油位表;14-电压表;15-充电指示灯;16-右转向灯;17-液压滤清报警指示灯;18-密实度仪(选配);19-注意操作标记;20-转速小时计;21-左转向灯;22-机油压力报警指示灯;23-冷却液温度表;24-气压表;25-油门操纵手柄;26-变速杆;27-电源总开关;28-点烟器

部分操纵装置与仪表开关的名称、功用和使用方法　　　　　　　　表 6-2

图中编号	名　称	功　用	使用方法
1	振动开关	控制振动轮的压实方式	选择高低振后,按下即可切换振动/不振动操作
2	钥匙开关	控制整机电源的通断	顺时针旋转-接通整机电源;逆时针旋转-停机
3	振幅选择开关	选择振动轮的振幅	三位开关,左-低振幅;右-高振幅;中-停止振动
4	起动按钮	控制发动机的起动	接通整机电源后,按下此按钮,发动机起动
5	暖风开关	—	打开开关,出暖风,此开关为选配
6	机罩升降开关	控制后机罩的升降	左-升;右-降
7	前照灯开关	控制两个前照灯照明	—
8	预热开关	控制发动机预热的通断	旋转开关,发动机开始预热,为选配件
9	后位灯开关	控制两个后大灯照明	—
10	预热指示灯	环境温度比较低,打开预热开关时,指示灯亮。此指示灯为选配	—
11	喇叭按钮	警示信号	按下时,喇叭鸣响
12	转向灯开关	转向信号	转向时,选择此开关,发出转向信号
13	油位表	显示燃油箱中燃油油量,不足1/4时需加油	—
14	电压表	显示整车电压读数,正常为24V	—
15	充电指示灯	充电系统工作状态的指示作用	接通整机电源后,充电指示灯亮。起动发动机后,发电机为电瓶充电,此灯熄灭。在柴油机工作时,该灯亮,表示发电机没有发电,应停机检查

续上表

图中编号	名称	功用	使用方法
17	液压滤清报警指示灯	液压油滤清器清洁度指示作用	当滤芯污染堵塞至进出口压差值为报警调定值时,报警灯亮,此时必须更换滤芯
18	密实度仪	显示密实度数据,为选配件	—
19	注意操作标记	提示操作员在坡道行驶和下坡时的严禁操作点	—
20	转速小时计	显示柴油机转速和发动机累计运行时间	—
22	机油压力报警指示灯	机油压力过低时报警作用	该灯亮,表示机油压力最小值为0.7MPa,即刻停机检查
23	气压表	显示储气筒气压	一般在0.8MPa时气路系统开始自动放气,读数不再上升
24	冷却液温度	显示冷却液温度	正常范围82~93℃,当读数超过102℃时应停机检查
25	油门操纵手柄	改变发动机油门大小	向前-增大;向后-减小
26	换挡操纵手柄	手柄在中位,压路机停车。手柄按指示槽操作可获得不同的速度	—
27	电源总开关	接通/断开电瓶电源	—
28	点烟器	点烟并可作为充电器端口	—

6.2.3 发动机的起动与停止

1) 起动前的检查

(1) 检查柴油机的燃油(一般不得少于油箱总容量的1/3)、润滑油(含高压油泵)和冷却液(不得低于上水室)是否充足。

(2) 检查风扇皮带松紧度是否合适。

(3) 蓄电池及桩柱与导线的连接是否牢靠。

(4) 检查液压油箱内的液压油和变速器内的齿轮油是否充足。

(5) 检查各部连接固定情况,有无漏油、漏水和松动现象。

(6) 检查轮胎气压是否符合要求。

(7) 各操纵杆是否扳动灵活、连接可靠,并在规定位置。

2) 起动

(1) 将油门操纵手柄处于低速位置,振幅选择开关需置于中位。

(2) 换挡操纵手柄处于空挡位置,停车制动器置于制动状态。

(3) 打开电源总开关,插入钥匙,顺时针旋转接通整机电源,观察各仪表正常后,按下起动按钮3～5s,起动时间最长不允许超过15s,如果发动机没有立即起动,应等待2min后再起动,如连续三次不能起动,则应检查原因,排除故障后再起动。

(4)起动后,发动机怠速(700～1000r/min)运转3～5min;如果环境温度较低,适当延长怠速运转时间。待机油压力、冷却液温度、机油温度达到要求后,方可运行或作业。

3)工作中的检查

(1)查看各仪表指数是否正常。

(2)检查发动机在各种转速下运转是否平稳,排烟、声响是否正常。

(3)各操纵杆、转向盘、踏板操纵是否轻便灵活。

(4)各部连接是否可靠,有无漏油、漏水、漏电、漏气现象。

4)停止

将油门操纵手柄逐渐扳到怠速位置,怠速运转3～5min后,拉起熄火拉线使发动机熄火,逆时针旋转起动钥匙,切断电源总开关。

6.2.4 驾驶

1)起步

(1)踏下离合器踏板。

(2)根据需要将变速杆置于所需挡位(一般Ⅰ挡为工作速度;Ⅱ挡作为工作速度,也可作为运输速度;Ⅲ速为运输速度)。

(3)观察周围情况并鸣喇叭。

(4)松开停车制动操纵杆,放松离合器踏板,同时增大供油量。

2)变速、转向与倒车

变速时,首先踏下离合器踏板,并降低柴油机转速,待机械停稳后,将变速杆置于所需位置,然后放松离合器踏板,同时增大供油量。

当压路机需要转向时,先开转向灯,确认路面没有任何人或障碍物方后可转向。

当压路机需要倒车时,将变速杆置于所需挡位,确认路面没有任何人或障碍物后方可倒车,倒车时,倒车蜂鸣器鸣叫。

3)制动

(1)行车制动。

正常情况下,在平直路面上,踩下离合器,将变速杆置于空挡位置,压路机减速,踩下制动踏板,压路机即能停车。

(2)紧急制动。

遇到危险情况,需要紧急制动时,必须首先踩下离合器踏板切断动力,再踩下行车制动踏板,使压路机立即停车。制动后,及时将变速杆退回空挡位置。

4)停机

(1)停机前,首先停止振动。

(2)减小供油量,使机械减速。

(3)踏下离合器踏板,将变速杆置于空挡。

(4)放松主离合器踏板,后拉停车制动器操纵杆使其处于制动位置。

(5)逐渐减小供油量,使柴油机怠速运转 3~5min;拉出熄火拉钮,熄火。
5)安全操作规程
(1)除经过专门训练,有经验的合格操作员外,其他人员不得操作。
(2)操作人员必须认真阅读、明晰压路机的有关资料,按要求正确操作、维护及修理。
(3)压路机起动后,气压必须达到 0.8MPa,方可行驶。
(4)压路机不准原地振动,严禁压路机在坚硬路面上(如混凝土路面等)振动,以免损伤机件和橡胶减振器。
(5)压路机在上、下坡时应提前将变速杆置于低速挡位置,不允许柴油机熄火,以免液压转向器失灵发生事故。
(6)在上下坡道换挡时,必须在停车制动后进行。下坡道时禁止空挡滑行。
(7)在急转弯时,不允许高速,应用慢速挡行驶。
(8)不得以拖起动的方式起动柴油机。
(9)压路机在行进中使用制动时,应首先切断动力。
(10)开始振动前,应先将柴油机调至中速,再开始振动;然后将柴油机调到高速,并尽可能不要改变,否则,会因影响振动频率而降低压实效果。
(11)结合离合器时,柴油机应在中速位置,以减小冲击、减少磨损。
(12)多台压路机成纵队作业时,应保持5m以上的间距。
(13)离开压路机时,必须停机熄火,拉紧停车制动器操纵杆,必要时在振动轮前(后)垫上止动块。
(14)在机下检修维护时,必须停机熄火,并加以可靠的止动。绝对不能使压路机产生移动。
(15)压路机运行时,禁止任何人靠近或停留在铰接转向节处。
(16)压路机长期不用时,须将振动轮机架稍微顶起。支顶物应支承于机架上,但又不要使振动轮离开地面,以避免橡胶减振器长期受力变形而损坏。

6.3 压路机的作业

6.3.1 基础知识

根据工程施工技术的要求,正确地选择压路机的种类、规格及压实作业参数是保证压实质量和压实效率的重要前提条件。

1)压实、压实度和最佳含水率

在公路和其他土石方工程施工中,使用压实机械对铺筑层施以作用力,使土壤或材料的固体颗粒排列紧密、相互嵌锁和孔隙减小,形成坚固稳定整体的技术作业,称为压实。

对土壤或某些混合材料压实的主要指标是最佳密实度,它是以干密度反映的,即单位体积内固体颗粒的质量(g/cm^3)。在路基压实施工中,使铺筑层达到最佳密实是比较困难的,而仅要求达到一个与最佳密实度比较接近的密实度。通常是用压实度来考核压实程度的。压实度是指铺层经过碾压所获得的实际密实度与试验所确定的标准密实度的百分比。

即压实度＝实际密实度/标准密实度×100％或压实度＝实际干密度/标准干密度×100％。

以较小的压实功能(由单位线压力和碾压遍数所决定)获得最大的密实度时的含水率,就是所谓的最佳含水率。铺筑层土壤或某些混合料中的水分,主要是以包裹在固体颗粒表面存在于三相体(由固体颗粒、颗粒孔隙间的空气与水分组成)内。在碾压过程中,水分在颗粒之间起着润滑作用,使固体颗粒运动阻力减小,有利于压实。但只有土壤或某些材料三相体中水分的比例适宜时,水分所起的作用才能充分体现。

在施工现场可用手捏泥土的简便方法检验路基土壤的最佳含水率。如果"手捏成团,落地开花",一般就接近于最佳含水率。

2)压路机的选用

(1)根据工程技术要求的单位线压力、平均接地比压或激振力等参数选用压路机。

(2)根据压实作业项目选用压路机。

进行路基压实作业时,应选用压实功能大的重型和超重型静压式压路机、振动式压路机及羊脚碾式压路机。

进行路面基层压实作业时,应选用重型静压式压路机和振动式压路机。

进行路面压实作业时,为使表层密实平整,应用中型两轮静压式压路机和振动式压路机及轮胎式压路机。

(3)根据土壤和材料的特性选用压路机。

沙土和粉土,黏结性差,水易侵入,不易被压实。一般单独作为道路铺筑材料,需要掺入黏土或其他材料改善处理后使用。压实此类改善土铺筑的路基时,应选用压实功能较大的静压式压路机,一般不宜采用振动式压路机和羊脚碾式压路机碾压。

黏土,黏结性能高,内摩阻力大,含水率大。压实时,需要较大的作用力和较大的压实有效时间,才能有较好的压实效果。一般应选用羊脚碾式压路机和轮胎式压路机压实黏性土铺筑的路基。若铺层较薄,可选用超重型静压式压路机以较低的速度碾压。振动压实易使土中水分析出,使压实层呈现出"弹簧"现象,难以彻底压实。通常不选用振动式压路机碾压黏土。

介于沙土与黏土之间的各种沙土、混合土有较好的压实特性。采用各类压路机进行压实均能获得理想的压实效果。其中,振动式压路机具有较高的压实功能和作业效率。

对于级配碎石、砾石铺筑层,若选用振动式压路机碾压,可使石料颗粒之间很好地嵌紧,形成稳定性较好的整体。

对于沥青混合料,由于沥青有一定的润滑作用,且铺筑层一般较薄,选用中型或重型压路机即能获得较好的压实效果。为了保证表面的平整,应选用光轮式压路机。

3)压路机的碾压速度、碾压遍数、压实厚度、振频和振幅的选择

当按单位线压力、平均接地比压或激振力等参数选定压路机之后,可按下列数据选择压路机的作业参数。

(1)碾压速度。压路机碾压速度的选择,受被压实材料的特性、压路机的压实功能、工程技术和质量要求,以及压实层厚度、作业效率等的影响。进行初压作业时,适宜的碾压速度静光轮式压路机为 1.5～2.0km/h,轮胎压路机为 2.5～3.0km/h,振动式压路机为 3.0～4.0km/h。进行复压和终压时,静光轮式压路机的碾压速度可增到 2～4km/h,轮

胎式压路机为 3~5km/h,振动式压路机为 3~6km/h。

应当指出,适当提高行驶速度可提高机械作业率,但实际上并不完全都是这样,因为用高速碾压时压路机对土壤的压实时间便减少,从而就减少了压实厚度,尤其是压实黏性土壤时更为明显。

(2)碾压遍数。所谓碾压遍数是指相邻碾压轮迹重叠 0.2~0.3m,依次将铺筑层全宽压完一遍,而在同一地点如此碾压的往返的次数。碾压遍数的确定主要是以压实达到规定的压实度为准。一般压实路基和路面基层时,需要 6~8 遍;压实石料时,需要 6~10 遍;压实沥青混合料路面时,需要 8~12 遍。采用振动式压路机时,碾压遍数可相对减少。

需要注意的是,碾压遍数和压实效果不是等比关系,并不是碾压遍数越多,压实的效果就越好。据试验,在最初 2~4 遍中,压实作用最为显著,之后便急剧降低;当超过 6~8 遍时,再增加碾压遍数也只能使压实厚度有很微小的增加。

(3)压实厚度。根据压路机的作用力最佳作用深度,各种类型压路机均规定有适宜的压实厚度,如 12~15t、18~21t 静光轮式压路机适宜的压实厚度为 20~25cm;9~16t、16~20t 轮胎式压路机适宜压实厚度为 20~30cm;10t 级振动式压路机为 50~100cm。压实厚度小,施工效率低,压实层表面易产生裂纹或波纹;压实厚度大,则铺筑层深处不易被压实。

(4)振频和振幅。振频和振幅是振动式压路机压实作业的重要性能参数。振频是指振动轮单位时间内振动的次数,单位为 Hz;振幅是指振动轮离开地面的高度(mm)。振频高,被压实层表面平整度好;振幅大,作用在被压实层上的激振力大。根据作业内容,振频和振幅相互协调,才能获得理想的压实效果。一般压实厚层路基时,应以低振频(25~30Hz)与高振幅(1.5~2mm)相配合为宜;压实薄层路面时,应以高振频(33~50Hz)与低振幅(0.4~0.8mm)相配合为宜。

4)压实作业的基本方式

压路机的作业是通过本身质量和振动力在进退行走中,使经过地段碾压到一定的密实度。因此,压路机的行走和作业是统一的。压路机的压实作业方式有穿梭法和环行法两种。操作员可根据作业地段的情况具体选择。

(1)穿梭法。穿梭法是压路机依次并适当重叠地对作业地面来回进行碾压。它适用于压实地段较小的场地,如路基、路面等。

(2)环行法。环行法是压路机依次并适当重叠地对作业地面进行环绕碾压。它适用于碾压较宽阔的场地,如广场、操场等。

6.3.2 压实作业

1)路基压实

(1)路基压实步骤。

路基压实作业可按初压、复压和终压三个步骤进行。

①初压。初压是指对铺筑层进行最初的 1~2 遍的碾压作业,目的是使铺筑层表层形成较稳定的、平整的承载层,以利压路机以较大的作用力进行下一步的压实作业。

初压作业,一般采用重型履带式拖拉机或羊脚碾式压路机进行初压,也可用中型静压式压路机或振动式压路机以静力碾压方式进行;碾压速度应不超过 1.5~2km/h。初压后,需要对铺筑层进行整平。

②复压。复压是指继初压后的 5~8 遍碾压作业,目的是使铺筑层达到规定的压实度。它是压实的主要作业阶段。

复压作业中,应尽可能发挥压路机的最大压实功能,以使铺筑层迅速达到规定的压实度。碾压速度应逐渐增大,静光轮式压路机为 2~3km/h,轮胎式压路机为 3~4km/h,振动式压路机为 3~6km/h。还应随时测定压实度,以便做到既达到压实标准,又不过度碾压。

③终压。终压是指继复压之后,对每一铺筑层竣工前所进行的 1~2 遍碾压作业,目的是使压实层表面密实、平整。一般分层修筑路基时,只在最后一层实施终压作业。

终压作业,可采用中型静压式压路机或振动式压路机以静力碾压方式进行碾压,碾压速度可适当高于复压的速度。采用振动式压路机或羊脚碾式压路机进行分层压实时,由于表层会产生松散现象,因此,可将该层表层 10cm 左右厚度算作下一铺筑层厚度之内进行压实,这样就可不进行终压作业。

(2)路基压实作业中应注意事项。

①进行路基压实作业时,压路机的负荷较大,应做好压路机的技术维护工作。

②为了保证铺筑层的质量,应做到当天铺筑当天压实。

③在碾压中,土体若出现"弹簧"现象,应立即停止碾压,并采取相应的技术措施,待含水率降低后再进行碾压。对于局部"弹簧"现象,也应及时处理,否则留下隐患。

④在压实作业中,应随时掌握和了解压实层的含水率和压实度情况,以便及时调整作业规范。

⑤碾压时,若压层表面出现起皮、松散、裂纹等现象,应及时查明原因,采取措施处理后,再继续碾压。

⑥压路机压实不论是新旧填土路基或路面,都应从路基两侧开始,逐次向路中心碾压。两轮压路机每次侧移应重叠 25~30cm,三轮压路机每次碾压应重叠压路机主动轮宽度的 1/3。当压实面层时,压路机从路基边缘内 2m 处开始碾压,依次向外碾压路肩,然后再依次向路中心碾压。

⑦当新填土层较厚时,压路机应从填土边缘内 30cm 处开始碾压,以免机械侧滑和侧坡倒塌。在山腹上构筑半挖半填的道路时,必须由里侧向外碾压,碾压时离路基边缘保持 1m 以上的距离,并随时注意路基边缘发生的变化,以防塌陷发生翻机事故。

⑧每班作业结束后,应将压路机驶离新铺筑的路基,选择硬实平坦、易于排水的地段停放。

2)级配碎石和级配砾石基层的碾压

粗细碎石集料和石屑各一定比例的混合料(或粗细砾石集料和沙各占一定比例的混合料),当其颗粒组成符合密实级配要求时,称为级配碎石(或级配砾石)。用这种混合料铺筑基层,经过充分压实,石料颗粒相互嵌锁,形成密实稳定的整体,具有较高的强度和稳定性。

碾压前,首先要根据所用石料的强度极限和其所允许的压路机单位线载荷,选择压路机并调整其单位线载荷,以免过多地将石料压碎。静压式压路机初时,碾压速度为 1~

2km/h;复压和终压时,可逐渐增大到 3~5km/h。振动式压路机,应先以静力碾压 1~2 遍,再以 30~50Hz 的频率和 0.6~0.8mm 的振幅进行振动压实;振动压实时,一定要严格控制碾压遍数,一般为 3~5 遍,达到压实度标准后应立即停止;然后再以静力碾压 1~2 遍,消除表层松散;碾压速度为 3~6km/h。

碾压时应注意以下事项:

(1) 相邻碾压带应重叠 20~30cm。

(2) 压路机的驱动轮或振动轮应超过两段铺筑层横接缝和纵接缝 50~100cm。

(3) 前段横接缝处可留下 5~8m、纵接缝处可留下 0.2~0.3m 不压,待与下段铺筑层重新拌和后,再按(2)的要求进行压实。

(4) 路面的两侧应多压 2~3 遍,以保证边缘的稳定。

(5) 根据需要,碾压时可向铺筑层上洒少量水,以利压实和减少石料被压碎。

(6) 不允许压路机在刚刚压实或正在碾压的路段内掉头或紧急制动。

(7) 压路机应尽量避免在压实段同一横断线位置上换向。

3) 稳定土基层及其碾压工艺

由石灰、水泥、工业废渣等材料分别与土按一定比例,加适当的水,充分拌和铺筑,并经过压实的结构层,称为稳定土基层。稳定土基层压实方法与路基的压实方法相近。但是基层表面的质量有较严格的要求,因而在碾压时应注意以下要点:

(1) 为保证基层的整体性与稳定性,铺筑层应遵循"宁高勿低、宁挖勿补"的原则。

(2) 不允许使用拖式压路机或羊脚碾式压路机进行压实作业。

(3) 初压后,应仔细整平和修整路拱。整平作业时,禁止任何车辆通行。

(4) 水泥稳定土基层,从拌和到碾压之间的延迟时间,应控制在 2~4h 之内,一般作业段以 200m 左右长为宜,以免水泥固结,影响压实质量。其他材料作为铺筑层的基层,也应做到当天拌和,当天碾压。

(5) 严格控制含水率,铺筑层含水量应高于最佳含水量的 1%。碾压过程中,若发现表层发干,应及时补洒少量的水。

(6) 前一作业段横接缝处应留 3~5m 不碾压,待与下一作业段重新拌和后再碾压,并要求压路机的驱动轮或振动轮压过横接缝 50~100cm。

(7) 在碾压过程中,若出现"弹簧"、松散、起皮、裂纹等现象,应查明原因,采取措施处理后,再继续碾压;若出现坑洼,应将坑洼处的铺层材料挖松 5~10cm 深,补平后再压实。

(8) 路面两侧边缘应多压 2~3 遍。

(9) 碾压作业时,应加强压路机的技术维护,应避免碾压轮黏附混合土,保证碾压轮无冲击、无震颤且运转平稳。

(10) 尽量避免压路机在刚刚压实或正在压实的路段内掉头或紧急制动。

(11) 每次换向的停车地点应避免在同一横断线上。

(12) 每班作业结束后,使压路机驶离作业地段,选择平坦坚实地点停放。若需要临时在刚刚压实或正在压实的路段内停放,则应使压路机与道路延线呈 40°~60°,斜向停放。

4) 沥青碎石和沥青混凝土面层的碾压

沥青碎石和沥青混凝土面层都是用沥青作结合料与一定级配的矿料均匀拌和而成的

混合料,并经摊铺和压实而形成一种沥青路面结构层。它们的主要区别在于矿料的级配不同:在沥青碎石混合料中,细矿料和矿粉较少,压实后表面较粗糙;沥青混凝土混合料,矿料级配严格,细矿料和矿粉较多压实后表面较细密。

我国目前多采用热拌热铺法施工,碾压时要控制沥青混合料的温度。在工地可用经验估计铺筑层混合料的温度,即用手掌轻轻触及铺筑层,感觉烫手,但不沾手,即可及时碾压。其作业步骤是:紧随摊铺工序之后,按碾压接缝,初压、复压和终压的步骤进行作业。

(1)面层接缝的碾压。

①纵接缝的碾压。

由于摊铺作业的方式不同,形成的纵接缝情况亦不同,所以碾压方法亦不同。

a. 两台以上的摊铺机梯形结队随伴着进行全幅宽摊铺时,由于相邻摊铺带的沥青混合料温度相近,纵接缝无明显的界限。此时,可使压路机正对纵接缝沿延伸方向往返各碾压一遍即可。

b. 一台摊铺机在一定的路段内单独进行摊铺作业,铺完一条车道,立即返回,再行摊铺的相邻车道(或是两台摊铺机前后较远距离进行摊铺作业)。由于先摊铺的摊铺带内侧向无限位,沥青混合料容易在碾压轮的挤压下,产生侧向滑移。这时,压路机可先从距离内侧边缘 30~50cm 处,沿着纵接缝延线往返各碾压一遍;然后,将压路机调到路面外侧的路肩处或路缘石处开始进行初压,当碾压距路面内侧边缘 30~50cm 处的最初碾压带,使压路机每行程只侧移 10~15cm,依次碾压到距路面的内侧边缘 5~10 cm 处时,即暂停对纵缝的碾压。待相邻的摊铺带铺好后再从已碾压的一侧,开始依次错轮碾压到越过纵接缝 50~80cm 为止。这种碾压纵接缝的方法,要求前后摊铺带间隔时间不能过长,一般不大于一个作业路段的摊铺时间。

c. 受机械或其他条件的限制,相邻两条摊铺带摊铺和压实间隔时间过长时,可先使压路机沿距无侧限一侧的边缘 30~50cm 处,往返碾压各一遍;然后从路面有侧限的一侧开始初压。当碾压到最初碾压的轮迹时,依次错轮碾压到碾压轮(刚性轮)越出无侧限边缘 5~8cm 处为止。

d. 由于摊铺相邻车道时,已压实的摊铺带已冷却,需要进行接缝处理时,一般是使新摊铺的混合料与已压实的摊铺带搭接 3~5cm,待纵接缝处理被加温后,将搭接的混合料推回到新铺的混合料上并整平,然后,立即使压路机碾压轮的大部分压在已压的摊铺带上,仅留下 10~15cm 宽压在新摊铺的沥青混合料上,并使压路机向新摊铺带依次侧移,每行程侧移 15~20cm 进行碾压,直到碾压轮全部侧移过纵接时为止。

若采用振动式压路机进行振动碾压,则应将振动轮大部分压在新摊铺上,往返各碾压 1~2 遍,也能将纵接缝碾压好,并能提高工效。

②横接缝的碾压。

在摊铺下一作业路段前,应对前段的横接缝进行处理,一般是将接缝修成垂直断面,并在断面上涂刷沥青。

a. 碾压横接缝时,应先选用刚性轮压路机,沿横接缝方向进行横向碾压。

b. 开始碾压时,碾压轮的大部分应压在已压实的路段上,仅留 15cm 左右轮宽压在新摊铺的混合料上。然后,压路机依次向新摊铺路段侧移,每次侧移 15~20cm 进行碾压,直到碾压轮全宽均侧移过横接缝为止。

c.如果相邻车道未摊铺,可在横接缝端头垫上供压路机驶出的木板或其他材料,以免压坏摊铺带边缘。

d.如果路缘石高于路面,靠路缘石处未碾压的混合料,可待纵向碾压时补压。

碾压横接缝工序最好在碾压纵接缝之前进行,以免碾压纵接缝时造成横接缝接合面分离。在碾压接缝时,若出现接缝不平,可把不平处耙松 2~3cm 深、修整后再压实。

（2）面层碾压。

面层碾压一般在紧随摊铺工序碾压完接缝后,即可实施初压、复压和终压。

①初压。初压的目的是防止混合料滑移和产生裂纹。

初压作业时,应选用单位静线载荷在 290~390N/cm 的刚性光轮压路机,按照"先边后中"和原则,以 1.5~2km/h 的碾压速度,轮迹相互重叠 30cm,依次进行静力碾压 2 遍。

初压作业中应注意事项:

a.掌握好始压温度,若混合料温度过高,混合料易被碾压轮从两侧挤出和被压轮黏滞或推拥,影响路面的平整度,并且碾压后易产生横向裂纹或波纹;若混合料温度过低,会给复压和终压带来困难而不易压实,而且碾压后易产生松散和麻坑。

b.务必使压路机的驱动轮朝向摊铺方向进行碾压。这样可以使混合料楔挤到驱动轮下,不容易产生推拥混合料现象,从而可以减轻路面产生横向波纹和裂缝的可能性。

c.进行弯道碾压时,应从内侧低处向外侧高处依次碾压,并使轮迹尽量呈直线形。

d.碾压纵坡路段时,混合料在碾压轮下的移动很多,因此,应从下向上进行碾压,并让驱动轮在前。而转向轮朝向坡底方向,以免松散的温度较高的混合料产生滑移。

e.初压时,最好使每次往返的轮迹完全重叠,待压路机退到已压实的路段后,再转向侧移。或使压路机尽量碾压到靠近摊铺机的位置,然后平顺地换向,转向侧移,与相邻轮迹重叠 30cm,返回碾压。

②复压。紧接初压之后,立即进行复压,其目的是使摊铺层迅速达到规定的压实度。

复压作业仍应遵循"先边后中、先慢后快"的原则进行碾压。复压作业一般要碾压到路面无明显轮迹为止。对沥青混凝土混合料需碾压 4~6 遍,而对沥青碎石混合料需碾压 6~8 遍。碾压速度,静光轮式压路机为 2~3km/h,轮胎式压路机为 3~5km/h,振动式压路机为 4~6km/h。

复压作业时,除遵守初压作业时的注意事项外,还应注意:

a.每次换向的停机位置应不在同一横断上。

b.采用振动式压路机碾压有超高的路段时,可使前轮振动碾压,后轮静力碾压,这样可有效地防止混合料侧向滑移。

c.采用振动式压路机碾压纵坡较大的路段时,复压的最初 1~2 遍不要进行振动碾压,以免混合料滑移。

d.采用振动式压路机进行振动碾压时,一定要"运行后、再起振,先停振、再停驶",以确保压实面的平整度。

e.碾压半径较小的弯道时,若沥青混合料产生滑移,应立即降低碾压速度。

③终压。当复压使摊铺层达到压实度标准后,可立即进行终压作业。其目的是消除

路面表面的碾压轮迹和提高表层的密实度。

终压作业时,可选用稍高于复压时的碾压速度、以静力碾压的方式碾压2～4遍。为了有效地消除路面的纵轮迹和横向波纹,可使压路机碾压运行方向与路中线成15°左右夹角,碾压1～2遍。

(3)面层碾压过程中应注意的问题。

①实施压实作业前,检查维护好所用压路机,排除漏油(柴油、机油和液压油等)现象,以不使其滴于被碾压的沥青混合料路面上。

②为了防止碾压轮黏附沥青混合料,可不断向碾压轮面上喷洒或刷水或水与柴油的混合液。量不宜太多,更不要滴洒在路面上。

③压路机换向、变速、转向、起振和停振等,操作应轻柔平顺,不得使压路机产生冲击。

④从初压起就应随时注意沥青混合料有无发生滑移和碾压表面有无裂纹或波纹现象。若出现上述不良现象,应立即采取技术措施,予以处理或修正压路机的作业参数。

⑤压路机不得在刚刚压实和正在碾压的路段内停放。若需要在已压实路段内停放,应使压路机与道路延线保持一定角度,而且不允许停放时间过长。

⑥雨季施工,要做到及时摊铺,立即压实。若遇到作业中突然下雨,应尽量抢在下雨之前,将摊铺层压实,起码要初压2～4遍。

⑦低温季节(日平均气温在5℃以下),应选择在气温较高的无风的中午前后进行施工。应适当地缩短作业路段,并做到快铺快压,以保证碾压终了时,沥青混合料温度不低于50℃。在低温条件下采用振动式压路机进行振动压实,可获得良好压实效果。

⑧作业中应注意劳动保护,防止沥青污染。

6.4 压路机的维护与常见故障排除

6.4.1 XS142J型压路机的维护

1)每班维护(每工作8h)

(1)排放燃油油水分离器中的水分,检查燃油数质量,不足应添加。

(2)检查冷却液数质量,不足应添加。

(3)检查机油数质量,不足应添加。

(4)检查空气滤清器,清除储尘器灰尘,视情清理空气滤清器滤芯。

(5)检查各部紧固和密封情况。进气歧管、排气歧管、机座、导线接头和油、水管道接头应紧固密封,如有松脱或渗漏应及时检修。

(6)检查紧定空气滤清器和排气管等部位的连接螺栓。

(7)检查传动皮带是否松弛、有无损伤、皮带张紧度应符合要求。

(8)作业后应清洁柴油机表面油污和灰尘,排除故障。

(9)检查各部件连接紧固情况,重点对关键部位螺栓、螺母进行检查、紧固,包括轮边减速器与轮辋连接球型螺母、驾驶室与后车架连接螺栓、铰接机构连接螺栓、前轮左右橡胶减振块连接螺栓等。

(10)检查制动液油位。如果油位低于油杯的一半,应添加制动液。

(11)检查液压油油位。查看液压油位计显示窗口,当油位低于窗口中间位置时,应添加液压油。

(12)检查所有液压系统管接头的密封情况。

(13)检查前、后刮泥板与前轮表面之间的距离,标准间隙为20~30mm,不当应调整。

(14)检查透气塞。检查透气塞是否堵塞,如需清洗按以下方法进行:

①松开螺纹取下透气塞,用汽油清洗干净。

②待干燥后装回原处,并盖好塑料帽。

(15)检查电气设备工作情况。照明灯、信号灯、指示灯、报警灯、仪表灯、喇叭、刮水器等应接线可靠,工作良好。

(16)作业(行驶)结束后,擦拭压路机,清除各部泥土、油污,清点整理工具附件,并排除工作中存在的故障。

2)一级维护(每工作100h)

(1)完成每班维护。

(2)清洗空气滤清器,更换滤芯。

(3)排放燃油箱底部的水分和杂质,清洗加油口滤网,滤网破损应更换。

(4)更换燃油滤清器。

(5)更换机油滤清器。

(6)检查进气管道的软管和管夹,根据需要旋紧或更换,确保进气系统无泄漏。

(7)检查增压器工作情况。

(8)检查电气系统功能是否正常。

(9)清洁散热器。用压缩空气吹除或用压力水冲净散热器芯管表面的积尘,如积垢较多可用铜丝刷清除。

(10)检查齿轮油数质量。变速器、振动室齿轮油数量不足时,按规定添加。

(11)向铰接机构和转向油缸部位黄油嘴加注润滑脂。

(12)检查调整制动器间隙。

(13)打开储气筒下部的放水阀,排放储气筒内冷凝水及沉淀物。

(14)检查轮胎气压。

3)二级维护(每工作300h)

(1)完成一级维护。

(2)更换柴油机机油。

(3)检查调整气门间隙。

(4)检查各油、水、气和电路元件以及各紧固件的紧固情况。

(5)清洗机油冷却器。

(6)检查、清洗散热器。

(7)检查清洁蓄电池,紧固连接导线。

(8)检查前轮齿轮油油位。

(9)检查紧固前轮橡胶减振块。如果橡胶减振块有明显裂纹,应更换。

(10)检查变速器的油位。油位应在油尺高、低刻度之间。如果油位在低刻度之下,应添加齿轮油。

(11)检查轮边减速器的油位,不足应添加。

(12)检查制动系统油管、接头是否渗漏,制动液油量是否充足,各气路元件内部是否渗漏。

(13)更换液压油滤清器。放出液压油箱内的冷凝水及沉淀物。

(14)润滑发动机舱盖、驾驶室铰链等部位。

(15)检查空调系统工作是否正常。

4)三级维护(每工作900h)

(1)完成二级维护。

(2)检查传动皮带张紧度和损坏情况。

(3)检查输油泵工作性能。

(4)检查调整喷油泵和喷油器。

(5)检查调整供油提前角。

(6)检查节温器性能。

(7)清洗燃油箱。

(8)清洁发电机、起动机。

(9)检查变速器、轮边减速器各部件的情况,必要时检修或更换。

(10)更换齿轮油。趁热放净变速器、驱动桥齿轮油,清洗各箱后按规定加注齿轮油。

(11)检查转向盘的自由行程。

(12)更换液压油。

(13)更换前轮齿轮油。

(14)检查调压阀工作性能。

(15)拆检驻车制动器,调整制动器间隙。

5)润滑表

XS142J型压路机润滑表见表6-3。

XS142J型压路机润滑表　　　　表6-3

部　位	润滑点名称	数量(个)	润　滑　剂	润滑剂加注方式
铰接轴架	铰接轴承	4	3#锂基润滑脂	油枪注入
转向油缸	关节轴承	4		
驾驶室下	操纵杆	2		
驾驶室	门框	8		
变速器	变速杆	6		
传动罩	折页	4		
后框架	门框	2		
轮毂端盖	驱动轴	2		打开加注
传动罩	传动轴	2		

续上表

部　　位	润滑点名称	数量(个)	润　滑　剂	润滑剂加注方式
液压油箱后端	分离轴承	1	机油	手工加注
离合器壳体	分离轴承操纵杆	2	3#锂基润滑脂	油枪注入
后车架前端	倒顺操纵杆	1		

6.4.2　XS142J 型压路机常见故障原因和排除方法

XS142J 型压路机发动机的常见故障原因和排除方法参见 JY200G 型挖掘机的相关内容，底盘、工作装置和液压系统的常见故障原因和排除方法见表 6-4。

XS142J 型压路机底盘、工作装置和液压系统常见故障原因和排除方法　　表 6-4

故障现象	故　障　原　因	排　除　方　法
离合器打滑	1. 离合器压盘与制动摩擦片表面有污垢或油污； 2. 离合器压盘与制动摩擦片接触不均匀或间隙太大； 3. 离合器制动摩擦片过度磨损； 4. 离合器压盘弹簧太弱； 5. 离合器拉杆行程过小	1. 用汽油清洗压盘与摩擦片表面的污垢和油污； 2. 拆卸调整； 3. 更换新制动摩擦片； 4. 调整或更换弹簧； 5. 调整拉杆长度
离合器抖动	1. 离合器摩擦面未全面接触； 2. 离合器弹簧松紧不一； 3. 离合器分离套轴承缺油； 4. 离合器钢片变形	1. 拆卸调整； 2. 调整或更换弹簧； 3. 清洗后注黄油； 4. 更换钢片
离合器分离不彻底	1. 自由行程过大； 2. 分离杠杆内端不在一个平面上	1. 调整踏板、拉杆的自由行程； 2. 在车上或拆下离合器进行调整，使6个分离杠杆内端的高度在同一平面上
变速器发生不正常的响声	1. 轴承磨损过大，发生松动； 2. 齿轮过度磨损； 3. 齿轮油过少或牌号不当	1. 更换轴承； 2. 更换齿轮或增减调整垫片； 3. 加注齿轮油至规定的油面，或更换合适黏度的齿轮油
变速器挂挡打齿	1. 离合器分离不彻底； 2. 摩擦盘翘曲	1. 调整离合器间隙； 2. 检修或更换
转向沉重	1. 转向泵泵油不足； 2. 油箱油面过低； 3. 转向溢流阀压力低； 4. 溢流阀卡住	1. 检修； 2. 添加油液至规定液面； 3. 调节； 4. 修理或更换
转向失灵	转向器工作不正常	检修或更换
制动失灵	1. 制动液不足； 2. 管路不通； 3. 胶管破裂或漏油； 4. 制动液变质或混入其他油液； 5. 制动液内混入空气； 6. 加力器汽缸不回位或回位缓慢； 7. 制动摩擦片磨损严重	1. 加制动液至要求位置； 2. 检查、疏通管路； 3. 检查、更换相应胶管和接头； 4. 清洗制动系统元件并更换制动液； 5. 排出制动管路中的空气； 6. 更换相应元件或更换加力器力缸总成； 7. 更换

续上表

故障现象	故障原因	排除方法
系统无振动	1. 油箱油面过低； 2. 泵上溢流阀有缺陷； 3. 泵或马达损坏	1. 加油到适量； 2. 修理或更换； 3. 更换
振动频率低	1. 油箱油面过低； 2. 泵的输出流量不正常	1. 加油到适量； 2. 调节流量调定值
振动脱不开	1. 振动阀卡住或损坏； 2. 节流孔堵塞	1. 修理或更换； 2. 清洗

 思考题

1. 简述作业时压路机种类和规格的选用标准是什么。
2. 简述路基压实作业的主要过程及方法。
3. 简述 XS142J 型压路机一级维护的主要内容。

参 考 文 献

[1] 苏正炼,王清,陈海松,等.机械装备底盘构造与原理[M].北京:科学出版社,2021.
[2] 吴广平,鲁冬林,等.GJT112A 型推土机操作使用教程[M].北京:兵器工业出版社,2021.
[3] 樊明,鲁冬林,等.GJZ112A 型装载机操作使用教程[M].北京:兵器工业出版社,2021.
[4] 鲁冬林,曾拥华,王海涛,等.工程机械使用与维护[M].北京:国防工业出版社,2016.
[5] 何周雄,何旺,张云,等.工程机械手册——挖掘机械[M].北京:清华大学出版社,2018.
[6] 王安麟,任华杰.工程机械手册——路面与压实机械[M].北京:清华大学出版社,2018.
[7] 赵丁选,巩明德,倪涛.工程机械手册——铲土运输机械[M].北京:清华大学出版社,2018.
[8] 苏欣平,刘士通.工程机械液压与液力传动[M].北京:中国电力出版社,2016.
[9] 赵捷.工程机械发动机构造与维修[M].北京:化学工业出版社,2016.
[10] 汤振周.工程机械底盘构造与维修[M].北京:化学工业出版社,2016.